문과도 이과도 빠져드는 수학 퀴즈 100

BUNKEI MO RIKEI MO HAMARU SUGAKU QUIZ100 by Asuki Yokoyama
Copyright © Asuki Yokoyama, 2021
All rights reserved.
Original Japanese edition published by SEISHUN PUBLISHING Co.,Ltd
Korean translation copyright © 2022 by MoonyeChunchusa
This Korean edition published by arrangement with SEISHUN PUBLISHING Co.,Ltd,
Tokyo, through HonnoKizuna, Inc., Tokyo, and Imprima Korea Agency

직감력, 논리력, 사고력을 높여 주는 수학 퀴즈

문과도 이과도 빠져드는 수학 퀴즈 100

초판 1쇄 발행   2022년 1월 31일

지은이	요코야마 아스키
옮긴이	박유미
펴낸이	한승수
펴낸곳	온스토리
편집	박일귀
마케팅	박건원 · 김지윤
디자인	오주희
등록번호	제2013-000037
등록일자	2013년 2월 5일
주소	서울시 마포구 동교로 27길 53, 309호
전화	02-338-0084
팩스	02-338-0087
이메일	hvline@naver.com
ISBN	978-89-98934-50-7 (43410)

직감력, 논리력, 사고력을 높여 주는 수학 퀴즈

문과도 이과도 빠져드는 수학 퀴즈 100

요코야마 아스키 지음 ㅣ 박유미 옮김

온스토리

자, 먼저 퀴즈 하나 풀고 시작하겠습니다.

1% 확률로 당첨되는 제비뽑기에 100회 도전할 경우, 적어도 한 번은 당첨될 확률은 다음 A~D 중 어느 것일까요?

A. 90~100%　　B. 80~89%　　C. 70~79%　　D. 60~69%

또, 같은 제비뽑기를 100회 하는 데 10만 원이 든다고 합니다. 당첨되면 10만 원을 받을 수 있다고 하면 100회 도전하시겠습니까?

"당첨될 확률이 1%니까 100회에 한 번은 맞을 거야. 그래서 정답은 A." "10만 원을 써서 적어도 10만 원이 당첨되는 거니까 제비뽑기에 도전해도 손해 볼 일은 없어." 아마 직감적으로 이렇게 대답하지 않을까요?

하지만 정답은 A가 아닙니다. 당첨되기 전까지 10만 원을 잃어야 하는 제비뽑기에 계속 도전하는 것도 추천하지 않습니다. 정답은 208쪽을 확인하세요.

문제를 만드는 동안 정말 힘들었지만 어느덧 수학 퀴즈 100문항을 만들어 수록하게 되었습니다. 이 책은 문제를 해독하고, 생각해 내고, 정답을 만드는 과정을 통해 '풀어내는 힘'을 익힐 수 있도록 해 줄 것입니다.

하지만 독자 여러분은 이런 걱정을 하고 있는 건 아닐까요? "이미 수학을 포기했는데 이런 나도 풀 수 있을까?" "너무 까다로운 계산 문제만 나오면 어떡하지?" "혹시 정말 재미없는 건 아닐까?"

다음 페이지의 「시작하며」에서 대답해 드리겠습니다.

시작하며

생각에 생각을 거듭한 끝에 찾아오는
짜릿하고 행복한 순간

독자 여러분, 반갑습니다!

저는 아이부터 어른까지 수학을 가르치는 '수학 선배' 요코야마 아스키입니다. 수학을 좀 더 친근하게, 좀 더 재미있게 배울 수 있도록 도와주는 사람이라고 생각하시면 됩니다. 수학 교실에서 가르치거나 수학 강연을 하면 "수학 능력을 키우고 싶은데 어떻게 하면 되나요?", "수학 콤플렉스를 없애고 싶어요!"라는 말을 자주 듣습니다.

저도 처음에는 수학을 좋아하지 않았지만 어느새 수학에 빠지게 된 계기는 단순합니다. 문제가 이해되는 순간의 그 짜릿한 만족감, 이제 이해할 수 있다는 생각이 들 때의 그 감동을 체감했기 때문입니다. 전작 『문과도 빠져드는 수학』에서 많은 독자들이 비슷한 느낌을 받았을 것입니다. 이번에는 그 느낌을 수학 퀴즈로 느낄 수 있게 해 드리겠습니다.

여러분은 "어려울 것 같은데요", "정답을 모르면 재미없을 것 같아요"라고 말하고 싶을 겁니다. 하지만 수학 퀴즈는 생각해 본다, 알 것 같다 정도만 되어도 충분합니다. 그리고 정답을 맞추지 못해도 해설을 읽고 '아, 그렇구나!', '아, 당했어!'라는 생각이 든다면 이미 수학에 빠져들었다는 증거입니다. 수학적 감각이 몸에 배게 되었다는 뜻이죠. 이 책은 직감력, 논리력, 아이디어력, 사고력, 문제 해결력을 통해 수학적 감각을 몸에 익힐 수 있도록 만들었습니다.

이러한 능력은 일상생활을 할 때도 도움이 됩니다. 세상에는 해결해야 할 문제로 가득 차 있습니다. 우리는 살아가면서 판단해야 할 다양한 일에 시달리는 경우가 많습니다. 그럴 때 믿어야 할 것은 결국 나의 머리 아닐까요? 이 책에서 익힌 수학적 감각은 일상생활에서 분명 도움을 줄 것입니다. 즐겁게 도전하면서 수학적 감각을 익혀 보세요. "공식이 기억나지 않아", "푸는 방식을 알아야 한다면 못 풀겠어"라는 사람도 문제없습니다. 기본적인 사고력으로도 충분히 도전할 수 있습니다.

그러면 실제로 어떻게 퀴즈를 풀어야 할까요?

다음과 같은 자세로 문제를 대하면 됩니다.

① 정답은 문제에 있다. 주의 깊게 다시 읽으면 해결 방법이 떠오를 수 있다.

② '딱 보니 못 풀겠는데'라는 생각이 들어도, 막상 풀어 보면 의외로 쉽게 해결되기도 합니다. '일단 중간까지만 풀어 보자'라는 마음으로 시작하면 됩니다.

③ 지식이 아니라 생각으로 문제를 푼다고 이해하면 됩니다. 시행착오를 겪으면 반드시 정답에 한 걸음 다가가는 방법이 보입니다.

④ 정답만이 목표가 아니라 해설을 보고 이해하는 것도 또 다른 목

표가 됩니다.

혹시 문제를 풀다가 막혔을 때 위의 말들을 떠올려 보세요.

마지막으로 "수학 퀴즈를 과연 재미있게 풀 수 있을까?"라는 질문에 답해 드리겠습니다. 수학 퀴즈는 읽는 즉시 풀 수 있는 문제만 있는 것은 아니에요. 하지만 깊이 생각한 후 '정답이 보여!', '해설이 이해가돼!'라며 깨닫는 순간, 그 무엇과도 비교할 수 없는 행복감을 맛보게 됩니다. 수학자나 수학 연구자 중에는 이런 쾌감에 중독된 사람도 적지 않습니다.

이 책에는 쉽게 술술 풀 수 있는 문제부터 이과생도 골치 아파할 수준의 문제까지 다양한 수학 퀴즈가 준비되어 있습니다. 100문제에 모두 도전해 독자 여러분도 행복한 순간을 꼭 느끼시길 바랍니다!

자, 그럼 이제 시작해 볼까요?

차 례

레 벨

1

두뇌 스트레칭부터
시작한다!

직감력
퀴즈

안녕하세요? 저는 수학을 가르쳐 주는 선배예요.

지금부터 레벨을 5단계로 나누어 총 100개의 수학 퀴즈를 풀어 보려고 해요.

먼저 딱 보면 바로 생각이 떠올라 풀 수 있는 문제들을 모았어요! 서두르지 말고 차분하게 문제를 읽으면서 자신의 직감을 믿고 수학 퀴즈를 풀어 보세요. 직감으로 풀고 난 뒤에는 왜 그 답이 나왔는지 이유를 곰곰이 생각합니다. 그러면 직감력이 논리적 사고력으로 이어져 더 어려운 문제도 풀 수 있을 거예요.

수학 퀴즈 내비게이터!

수학 선배
수학을 널리 알리는 활동을 하고 있다. 퀴즈의 힌트를 알려 준다.

이과 거북이
이과생이며 두루 아는 것이 많다. 수학에서 새로운 것을 발견하고 수학 지식을 익히는 것이 취미다.

문과 토끼
문과생이며 퀴즈를 좋아한다. 재미있는 퀴즈가 있다는 소문을 듣고 취약한 수학에 도전하기로 한다.

어떤 헬스클럽에서 "올해는 작년보다 여성 회원의 비율이 늘었습니다"라는 광고를 냈습니다. 작년에는 남성 회원이 150명, 여성 회원이 50명이었다고 합니다. 다음 ①~③ 중 광고 내용과 맞는 것을 선택해 보세요.

① 남성 회원이 100명 늘었고, 여성 회원이 30명 늘었다.

② 남성 회원이 40명 줄었고, 여성 회원이 10명 줄었다.

③ 남성 회원이 10명 줄었다.

정답: ②, ③

얼핏 보면 여성 회원이 늘어난 ①이 정답인 것처럼 보입니다. 하지만 ①의 경우에는, 남성 회원의 비율이 늘었고 여성 회원의 비율은 오히려 줄었습니다.

실제로 계산해 확인해 봅시다.

작년에 전체 회원 중 남성 회원이 75%(150명), 여성 회원이 25%(50명)였습니다.

　①남성 250명(75.7575…%), 여성 80명(24.2424…%)
　②남성 110명(73.333…%), 여성 40명(26.666…%)
　③남성 140명(73.68…%), 여성 50명(26.315…%)

수학적으로 계산해 보니 광고하는 속셈이 훤히 보이는군요.

퀴즈
2

수학 선배는 지금 너무 억울해하고 있습니다. 빙고 게임에서 이기지 못했기 때문이죠. 이제 칸에 ○를 1개만 더 놓으면 빙고가 될 뻔했는데 안타깝네요.

이때 수학 선배의 빙고 게임은 어떤 상태였을까요?

빙고가 되지 않은 상태에서 ○ 개수가 최대가 되었을 때, ○는 몇 개가 놓여 있었을까요?

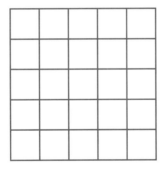

힌트!

빙고는 5개의 ○가 한 줄로 연결되면 '빙고'를 외치며 이기는 게임입니다. 가로, 세로, 대각선 어느 줄이든 5개만 연속으로 이어지면 이기는 게임이에요.

정답: 20개

5개의 ○가 한 줄이 되지 않도록 세로, 가로, 대각선에 빈자리가 하나씩 나오게 만듭니다.

(예)

	○	○	○	○
○		○	○	○
○	○		○	○
○	○	○		○
○	○	○	○	

숫자를 한자로 써서 문제를 풀어 보세요. 입에 넣으면 반이 되고, 뚜껑을 덮으면 2가 줄어듭니다. 이 숫자를 맞춰 보세요?

'입에 넣는다', '뚜껑을 덮다'라는 말이 한자로 뭐지?

정답: 8(八)

'8(八)'을 '입(口)'에 넣으면 '4(四)'가 되므로 반이 됩니다.
'8(八)'에 뚜껑을 덮으면 '6(六)'이 되므로 2가 줄어듭니다.

오! 정말 그렇구나!

문과 토끼는 몇 번을 반복해도 수학 선배에게 '숫자 놀이 게임'에서 이길 수 없었습니다. 숫자 놀이 게임이란 두 사람이 '1'부터 번갈아 가며 말하다가 '21'을 먼저 말하는 쪽이 지는 게임이에요. 단, 한 번에 숫자 3개까지만 말할 수 있어요.

법칙만 알면 반드시 이기는 게임입니다. 그렇다면 어떤 법칙을 이용해 이길 수 있을까요?

• 숫자 놀이 게임 예시

정답
4

정답: 마지막 숫자가 4의 배수로 끝나도록 대답하면 됩니다.

이 게임에서 이기려면 내가 '20'을 먼저 말해야 합니다. 그래야 상대방이 '21'을 말하게 되니까요. 따라서 그전에 상대방이 '17~19'에서 멈추게 해야합니다. 즉, 내가 '16'을 말하면 되는 거죠.

내가 '16'을 말하려면 상대방이 '13~15'를 말하게 하면 됩니다. 내가 말하는 숫자가 '20', '16', '12', '8' … 즉, 4의 배수로 끝나면 된다는 것을 기억하세요.

그래서 질 수밖에 없었구나!

퀴즈
5

'출발점'부터 순서대로 '1', '2' … '8', '9'를 순서대로 따라가면서 모든 칸을 통과한 후 '결승점'에 도착하는 선을 그려 보세요. 단, 대각선으로는 가지 못합니다.

출발점						6		8
		1	3					
						7		
2					5			
		4				9		결승점

힌트!

순서를 반대로 생각하면 정답에 쉽게 다가갈 수 있습니다.

정답:

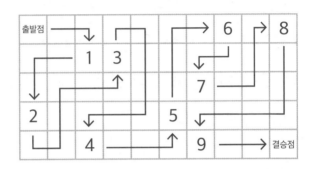

출발점부터 시작해 결승점을 찾아갈 수도 있지만, 반대로 결승점에서 시작해 출발점으로 거슬러 가면 더 쉽게 정답을 찾아낼 수 있습니다.

다음 그림에서 삼각형은 몇 개일까요?

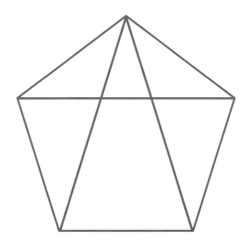

정답: 11개

1

2

3

4

5

6

7

8

9

10

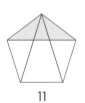
11

수학 선배, 이과 거북, 문과 토끼 셋이서 1대1로 100m 달리기를 합니다.

먼저, 문과 토끼는 수학 선배와 달려서 20m 차이로 먼저 골인했습니다.

다음으로, 수학 선배는 이과 거북과 달려서 20m 차이로 먼저 골인했습니다.

문과 토끼와 이과 거북이 경쟁하면 문과 토끼는 몇 m 차이로 이과 거북을 이길 수 있을까요?

정답: 36m 차이

문과 토끼는 20m 차이로 수학 선배보다 먼저 골인했지만, 문과 토끼가 100m 달린 시간과 수학 선배가 80m 달린 시간은 같습니다. 이것으로 등식을 만들어 봅시다.

'시간=거리÷속도'라는 공식이 포인트입니다.

문과 토끼의 속도를 a, 수학 선배의 속도를 b로 하여 시간을 기준으로 등식을 만들면 다음과 같습니다.

$$\frac{100}{a} = \frac{80}{b} \qquad a = \frac{5}{4}b \cdots ①$$

수학 선배는 20m 차이로 이과 거북보다 먼저 골인했으니 이과 거북의 속도를 c로 하여 위와 마찬가지로 등식을 만들어 봅니다.

$$\frac{100}{b} = \frac{80}{c} \qquad c = \frac{4}{5}b \cdots ②$$

문과 토끼와 이과 거북이 경주할 경우, 이과 거북이 달린 거리를 xm라고 하면 다음과 같은 등식이 성립합니다.

$$\frac{100}{a} = \frac{x}{c}$$

이 식 a와 c에 ①과 ②를 대입해 계산해 봅시다.

$$100 \div \frac{5}{4}b = x \div \frac{4}{5}b$$

x는 64가 됩니다. 따라서 문과 토끼와의 차이는 36m가 됩니다.

아래 식에 있는 5개의 영어 알파벳에 1부터

5까지의 수를 하나씩 넣어 식을 완성해 보세요.

단, A < B입니다. 정답은 한 가지만 나옵니다.

$$A \times B + C = DE$$

정답: $2 \times 4 + 5 = 13$

정답은 한 가지이므로 숫자를 계속 대입해 보면 결국 정답을 찾을 수 있습니다.
하지만 최대한 효율적으로 찾는 것이 중요하겠죠.
우선, 결과가 두 자리의 수이면서 최소가 되는 수를 대입해 보겠습니다.

$$2 \times 3 + 4 = 10$$

다음으로 최대가 되는 수를 대입해 봅시다.

$$4 \times 5 + 3 = 23$$

이로써 정답이 10과 23 사이에 있다는 걸 알 수 있습니다. 또 하나는 D가 1이나 2가 되며, 결과가 두 자리의 수이므로 A에 1이 들어갈 수 없다는 것을 알 수 있습니다. 이런 내용을 바탕으로 숫자를 찾아보면 의외로 쉽게 답을 찾을 수 있습니다.

퀴즈
9

밧줄로 지구를 한 바퀴 감을 경우, 지표에서 1m 띄운 상태로 밧줄을 감으려면 밧줄을 얼마나 추가로 연결해야 할까요?

지구에서 1m 띄운 상태의 밧줄

지구와 같은 길이의 밧줄

정답: 약 6.28m

지구의 지름을 r이라고 하면 지구 둘레의 길이는 원주(원의 둘레)의 길이를 구하는 방법으로 알 수 있습니다.

$$(원주의 길이) = (지름) \times (원주율)$$

이 식에서 원주 대신 지구 둘레를 대입하면,

$$(지구 둘레의 길이) = r\pi \cdots ①$$

1m 뜨게 하여 밧줄을 감을 경우, 양쪽이 1m씩 늘어나므로 지름이 (r + 1 + 1)m가 됩니다. 따라서 지구 둘레의 길이는 다음과 같습니다.

$$(1m 떠 있는 밧줄의 길이) = (r + 2)\pi \cdots ②$$

위의 식 ①과 ②를 통해, 1m 떠 있는 밧줄의 길이는 지구 둘레의 길이보다 2πm 더 길다는 것을 알 수 있습니다[$(r + 2)\pi - r\pi = 2\pi$].
π는 약 3.14이므로 2πm에 해당하는 약 6.28m를 추가로 연결하면 됩니다.

아래 식으로 덧셈과 뺄셈을 계산할 때 '?'에 들어가는 숫자는 무엇일까요?

$$+\ +\ + = 20$$

$$-\ +\ + = 11$$

$$-\ -\ + = -9$$

$$-\ -\ - = \ ?$$

힌트는 문제에
숨어 있습니다.

정답: 0

양쪽에 있는 +와 −를 한자 숫자의 10(+)과 1(−)로 읽으면 다음과 같이
됩니다.

$$10 + 10 = 20$$
$$1 + 10 = 11$$
$$1 - 10 = -9$$

$$1 - 1 = 0$$

문제에 덧셈과 뺄셈이라는 말이 있습니다. 숫자에 대한
언급이 없으니 무엇과 무엇을 더하거나 빼는지를 생각해 보면
머릿속에 떠오르는 것이 있을 거예요.

다음과 같이 숫자가 나열되어 있을 때 '?'에 들어갈 숫자는 각각 무엇일까요?

1	2	3	4	5
1	2	3	4	1
5	?	?	?	2
4	3	2	1	3
3	2	1	5	4

정답: 4, 5, 5

왼쪽 위 1에서 오른쪽, 아래, 왼쪽 순서로, 즉 시계 방향으로 1~5가 순서대로 배치되어 있습니다.

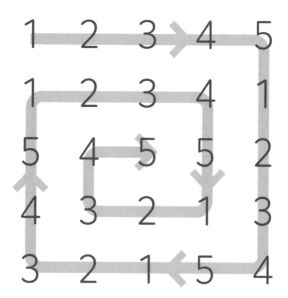

축구공은 어떤 모양으로 구성되어 있을까요?

힌트!

2가지 도형이 사용되고 있습니다.

정답: 정오각형과 정육각형

축구공은 정오각형 12개, 정육각형 20개로 이루어진 32면체로 구성되어 있습니다.

펼쳐 놓으면 틈이 보이지만 이것을 조립해 공기를 넣어 부풀리면 공 모양이 완성됩니다. 럭비공처럼 이상한 방향으로 날아가지 않고, 찼을 때 똑바로 날아가도록 하려면 공 모양이 32면체여야 적합합니다.

축구공은 먼 옛날 고대 그리스의 수학자 아르키메데스가 발명한 것으로 알려져 있습니다. 지금으로부터 약 2,200년 전인 기원전 200년경의 일입니다.

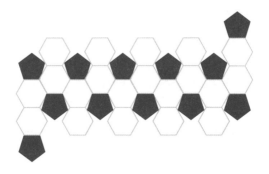

100원 동전 A로, 다른 100원 동전 B의 둘레를

한 바퀴 돌면 A는 몇 바퀴를 회전하게 될까요?

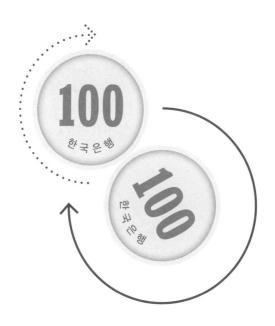

정답: 2회전

얼핏 생각하면 같은 크기의 동전으로 맞물려서 도는 거니까 1회전 한다고 착각할 수 있습니다. 그런데 실제로 100원 동전을 사용해 회전시켜 보면 2회전합니다.

이런 생각과 실제의 오차는 100원 동전이 이동한 거리를 확인하면 알 수 있습니다. 한 바퀴를 돌아서 이동한 거리가 100원 동전 B의 둘레 길이와 같다고 생각하기 쉬운데요(그림1). 하지만 실제로는 100원 A의 중심이 이동한 거리가 실제 이동한 거리이며, 이 원둘레의 반지름은 동전반지름의 2배이므로 2회전한 것입니다(그림 2).

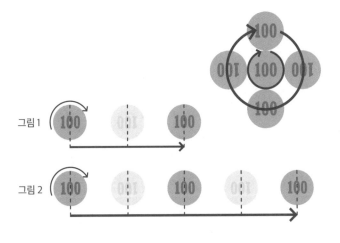

남쪽으로 10km, 동쪽으로 10km, 다시 북쪽으로 10km 걸어갔더니 원래 출발 지점으로 돌아와 버렸습니다. 이 출발 지점은 북반구의 어디일까요?

정답: 북극점

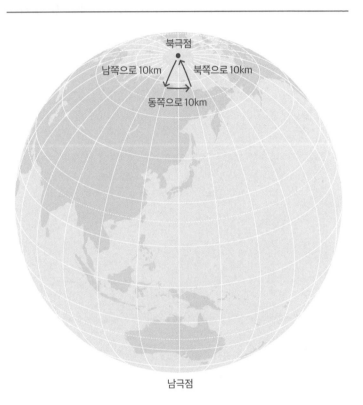

북극점

남쪽으로 10km ↗ ↖ 북쪽으로 10km

동쪽으로 10km →

남극점

퀴즈
15

주사위를 굴려서 '12면 주사위'와 '6면 주사위 2개의 합'을 비교해 볼 때 주사위 눈은 어떤 차이가 있을까요?

어, 같은 비율로 나오는 게 아니네!

정답: 12면 주사위를 굴리면 1~12가 같은 비율로 나옵니다. 반면, 6면 주사위 2개를 동시에 굴리면 눈의 합이 6~8이 많이 나오고 1은 나오지 않습니다.

12면 주사위의 눈은 다음과 같이 나옵니다.

1 2 3 4 5 6 7 8 9 10 11 12

6면 주사위 2개를 굴렸을 때 눈의 합과 조합은 다음과 같이 나옵니다.

2 = (1 · 1)	
3 = (1 · 2)(2 · 1)	
4 = (1 · 3)(2 · 2)(3 · 1)	
5 = (1 · 4)(2 · 3)(3 · 2)(4 · 1)	
6 = (1 · 5)(2 · 4)(3 · 3)(4 · 2)(5 · 1)	
7 = (1 · 6)(2 · 5)(3 · 4)(4 · 3)(5 · 2)(6 · 1)	
8 = (2 · 6)(3 · 5)(4 · 4)(5 · 3)(6 · 2)	
9 = (3 · 6)(4 · 5)(5 · 4)(6 · 3)	
10 = (4 · 6)(5 · 5)(6 · 4)	
11 = (5 · 6)(6 · 5)	
12 = (6 · 6)	

위와 같이 합이 7인 경우가 6개, 6과 8인 경우는 5개씩 나옵니다. 확률적으로 눈의 합이 2와 12인 경우는 잘 나오지 않고 6~8이 많이 나옵니다.

1cm 폭의 모눈종이에 2cm²의 정사각형을 그려 보세요.

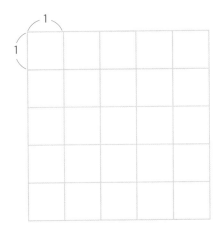

힌트!

모눈종이 폭이 1cm이므로 한 칸의 면적은 1cm²입니다.
√(루트)를 사용하지 않아도 풀 수 있어요.

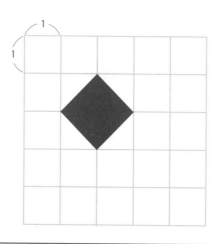

정답:

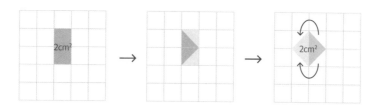

한 칸이 1cm²이면 2칸은 2cm²입니다. 한 칸의 반인 삼각형은 0.5cm²
이므로 삼각형 4개는 2cm²가 됩니다.

퀴즈
17

아래의 칸 안에 1부터 7까지의 수를 하나씩 넣어 화살표 방향(세로, 가로)으로 덧셈했을 때 합계가 모두 같아지도록 써 보세요. 단, 검은 칸에는 숫자를 넣지 않습니다.

Q1.

Q2.

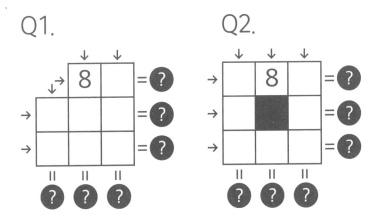

정답
17

Q1.

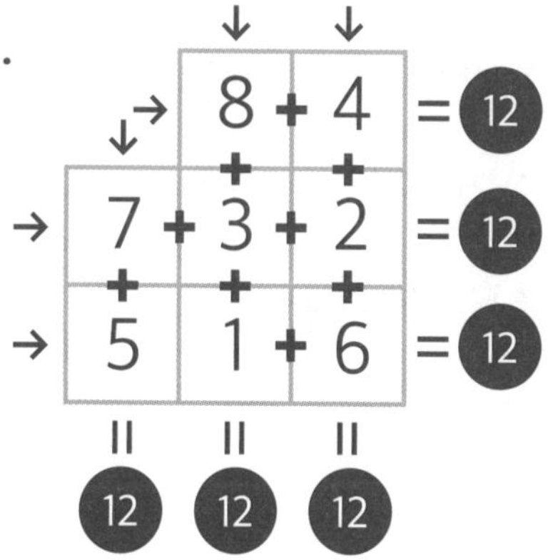

↓ ↓

↓→ 8 + 4 = (12)

+ +

→ 7 + 3 + 2 = (12)

+ + +

→ 5 1 + 6 = (12)

= = =

(12) (12) (12)

Q2.

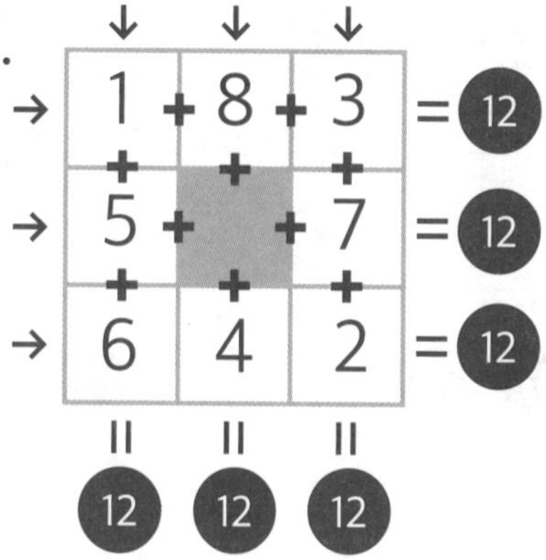

↓ ↓ ↓

→ 1 + 8 + 3 = (12)

+ + +

→ 5 + + 7 = (12)

+ + +

→ 6 4 2 = (12)

= = =

(12) (12) (12)

정답:

44

아래 십자 도형을 4개로 나눈 뒤 다시 배열하여 정사각형으로 만들려고 합니다. 어떻게 자르면 될까요?

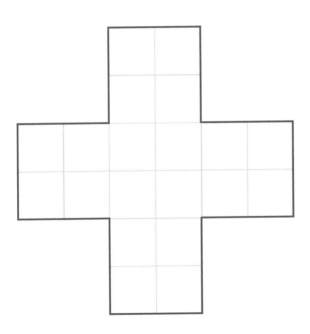

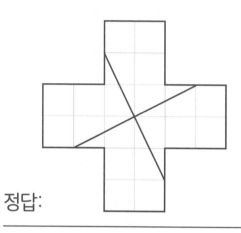

정답:

자른 도형을 재배열하면 이렇게 됩니다.

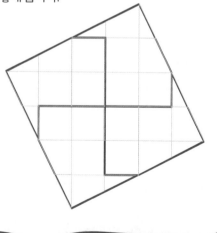

1층에서 5층까지 올라가는 데 20초 걸리는 엘리베이터가 있습니다. 이 엘리베이터를 타고 1층에서 10층까지 올라가려면 몇 초가 걸릴까요?

5층까지 20초 걸리는
엘리베이터라면…

정답: 45초

1층부터 5층까지 20초 걸리는 엘리베이터라면 10층은 그 2배가 걸리니까 '정답은 40초!'라고 착각하기 쉬운 문제입니다.

1층은 지상이기 때문에 1층부터 5층까지 가려면 4개의 층을 올라가면 됩니다. 그러면 1층부터 10층까지 가려면 9개의 층을 올라가면 되겠죠. 이게 포인트입니다.

4개의 층을 올라가는 데 20초가 걸리므로, 1층 올라가는 데 걸리는 시간은 5초(20초÷4층)입니다. 따라서 1층부터 10층까지 9개의 층을 올라가는 데 걸리는 시간은 9층×5초＝45초가 됩니다.

레 벨

2

정보를 정리하면
정답이 보인다!

논리력
퀴즈

이번에는 '논리적 사고력'이 필요한 문제를 살펴보겠습니다. 직관적으로 정답을 맞혀도 되지만, 여기서는 '식으로 쓰기', '상황을 상상하기', '그림으로 그리기', '인과관계 정리하기' 중 한 단계를 거쳐서 문제를 풀어 보세요. 다양한 각도에서 문제를 푸는 것이 중요합니다. 논리적 사고를 꾸준히 훈련하면 다양한 종류의 문제를 풀 수 있게 됩니다!

다음의 규칙 1~3에 따라 □ 안에 1~7의 숫자를
하나씩 넣어 보세요.

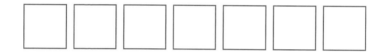

규칙 1: 4와 5 사이의 합계는 12
규칙 2: 1과 3 사이의 합계는 6
규칙 3: 3과 7 사이의 합계는 6

정답: 7, 4, 2, 3, 6, 1, 5 또는 5, 1, 6, 3, 2, 4, 7

규칙 1에 따라 4와 5 사이의 합계가 12이므로, 12에는 숫자가 3개 이상 들어갑니다 [4 (12) 5].
규칙 2에 따라 1과 3 사이의 합계가 6이므로, 6에는 숫자가 1개 이상 들어갑니다 [1 (6) 3].
규칙 3에 따라 3과 7 사이의 합계가 6이므로, 6에는 숫자가 1개 이상 들어갑니다 [3 (6) 7]. 아직 나오지 않은 숫자는 2와 6입니다.

규칙 1의 [4 (12) 5]에서 4와 5 사이에 들어갈 숫자를 생각해 봅시다.
규칙 1의 숫자에 규칙 2와 3의 숫자를 각각 대입해 보겠습니다.
규칙 3을 대입한 [4 3 (6) 7 5]는 어떤가요? 이것은 4와 5 사이의 합계가 12가 아니므로 틀린 것 같습니다.
규칙 2를 대입한 [4 1 (6) 3 2 5]를 볼까요? 규칙 1을 만족하는군요. 여기에 (6)을 만족하는 숫자 '6'을 넣으면 [4 1 6 3 2 5]가 됩니다.

마지막으로 규칙 3을 생각해 봅시다. 위의 [4 1 6 3 2 5]를 규칙 1과 규칙 2의 범위 내에서 정렬하면 다음 4가지 패턴이 나옵니다.
[4 1 6 3 2 5] [4 3 6 1 2 5] [4 2 1 6 3 5] [4 2 3 6 1 5]. 이 4개의 패턴에, 규칙 3의 [3 (6) 7]을 만족하도록 남은 숫자 7을 놓으면 됩니다.
[4 2 3 6 1 5]에 7을 놓으면 [7 4 2 3 6 1 5]가 되어 규칙 3을 만족합니다. 또 이것을 뒤집어서 정렬한 [5 1 6 3 2 4 7]도 정답이 됩니다.

퀴즈
21

어느 날, 수학 선배가 문과 토끼에게 "나는 비를 반드시 내리게 할 수 있는 기우제를 알고 있지." 라고 말했습니다. 어떻게 하면 비가 내릴까요?

정답: 비가 올 때까지 기우제를 지내면 됩니다.
이를 인디언 기우제라고 합니다.

다음 용기를 사용해 물 4리터를 담으려고 합니다. 어떻게 하면 될까요?

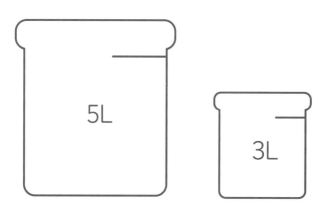

정답: 5L에 물을 가득 채워 3L 용기에 부으면 2L가 남습니다. 3L 용기의 물을 버리고, 2L를 3L 용기로 옮깁니다. 비워진 5L 용기에 한 번 더 물을 채운 뒤, 2L의 물이 들어 있는 3L 용기에 물을 가득 부으면 5L 용기에는 4L의 물이 남게 됩니다.

정답을 간단하게 나타내 봅시다. (5L 용기에 든 물의 양 : 3L 용기에 든 물의 양)

$(5:0) \rightarrow (2:3) \rightarrow (2:0) \rightarrow (0:2) \rightarrow (5:2) \rightarrow (4:3)$

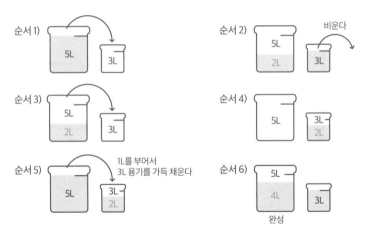

순서 1)

순서 2) 비운다

순서 3)

순서 4)

순서 5) 1L를 부어서 3L 용기를 가득 채운다

순서 6) 완성

다른 방법도 있습니다. 간단하게 나타내면 아래와 같습니다.

$(0:3) \rightarrow (3:0) \rightarrow (3:3) \rightarrow (5:1) \rightarrow (0:1) \rightarrow (1:0) \rightarrow (1:3) \rightarrow (4:0)$

문과 토끼와 이과 거북이 3일 동안 함께 보냈습니다.

첫째 날에는 문과 토끼가 거짓말을 합니다.

둘째 날에는 이과 거북이 거짓말을 합니다.

셋째 날에는 둘 다 거짓말을 합니다.

3일 중 어느 날 수학 선배가 둘을 찾아와서 "거짓말을 했느냐?"고 묻자 둘은 각각 이렇게 대답합니다.

문과 토끼: "제가 어제 거짓말을 했어요."

이과 거북: "제가 어제 거짓말을 했어요."

그렇다면 수학 선배가 방문한 날은 3일 가운데 언제일까요?

정답: 둘째 날

첫째 날에 문과 토끼가 거짓말을 했기 때문에 둘째 날에 문과 토끼가 "어제 거짓말을 했어요"라고 대답한 것은 맞습니다.

둘째 날에는 이과 거북이 거짓말을 합니다. 이과 거북은 첫째 날에 거짓말을 하지 않았는데도 "어제 거짓말을 했어요"라고 거짓으로 대답했습니다. 따라서 수학 선배가 방문한 날은 둘째 날입니다.

'?'에는 같은 크기의 정육면체 나무들이 쌓여 있습니다. 전체 쌓은 나무의 개수는 몇 개일까요?

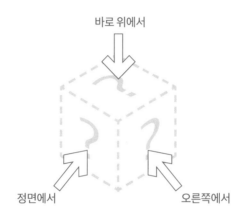

바로 위에서

정면에서

오른쪽에서

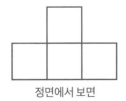

정면에서 보면

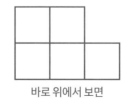

바로 위에서 보면

오른쪽에서 보면

정답
24

정답: 7개

쌓은 나무를 입체적으로 살펴보면 다음과 같습니다.

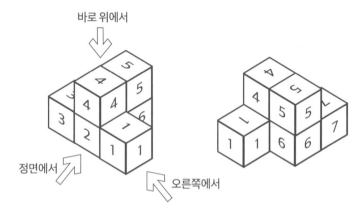

바로 위에서

정면에서

오른쪽에서

	4	
3	2	1

정면에서 본 모양

7	5	
3	4	1

바로 위에서 본 모양

4	5
1	6

오른쪽에서 본 모양

이과 거북은 기쁜 마음을 감추지 못하며 "드디어 나는 1 = 2를 증명했다!"라고 말했어요. 문과 토끼는 놀라며 "거짓말이지?"라고 했습니다. 수학 선배는 "마음을 진정하고, 어떻게 증명했는지 설명해 봐"라고 했습니다.

이과 거북의 설명 중 틀린 곳은 어디일까요?

1 = 2가 정말 성립되는지 증명해 봅시다.

'1 = 2'를 'b = a'라고 해 두고,

이 식의 양변에 a를 더하면

$a + b = 2a$

양변에서 2b를 빼면

$a - b = 2a - 2b$

a - b를 괄호로 묶어 봅니다.

$(a - b) = 2(a - b)$

여기서 양변을 (a - b)로 나누면 아래와 같이 나옵니다.

$1 = 2$

정답: 양변을 (a-b)로 나눌 때

이것은 유명한 패러독스입니다.
첫 번째 조건 b=a에 정답이 숨어 있습니다.

$$b = a$$
$$0 = a - b$$

'나눗셈에서는 0으로 나눌 수 없다'는 원칙이 있습니다. 그런데 (a-b)는
0이므로 '양변을 (a-b)로 나눈다'는 등식은 성립되지 않습니다.

> 엄청난 발견을 했다고
> 생각했는데, 쩝!

1만 원으로 구매한 상품을 20% 가격을 올려서 판매했습니다. 그런데 얼마 후 다시 20% 할인해서 판매하기로 했습니다. 할인 후 가격은 얼마일까요?

정답: 9,600원

20% 가격을 올렸다가 20% 할인을 했기 때문에 원래 금액인 1만 원이 된다고 생각할 수 있습니다. 하지만 계산해 보면 예상과는 답이 다르다는 것을 알 수 있죠.

1만 원에서 20% 오른 가격을 계산해 봅시다.

$$10,000 \times 1.2 = 12,000$$

그후 다시 20% 할인된 가격을 계산해 보겠습니다.

$$12,000 \times 0.8 = 9,600$$

따라서 9,600원이 됩니다.

아래 그림에서 바깥쪽 정사각형 면적은 원 안에

있는 정사각형 면적의 몇 배일까요?

정답: 2배

원 안의 정사각형을 회전시킴

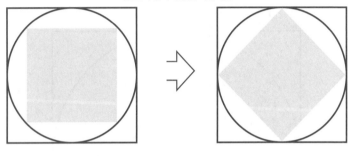

삼각형의 면적이 같음

위 그림에서 정사각형은 삼각형 면적의 2배이므로, 바깥쪽 정사각형 면적은 안쪽 정사각형 면적의 2배가 됩니다.

5,000원의 상품을 '20% 할증한 뒤 다시 20% 할인한 경우'와 '20% 할인한 뒤 20% 할증한 경우' 어느 쪽이 더 가격이 비싸질까요?

할증했다가 할인하고, 할인했다가 할증하고 … 아, 복잡해!

정답: 가격이 같음

5,000원의 상품을 '20% 할증(× 1.2)한 뒤, 다시 20% 할인(× 0.8)한 경우'

$$500 \times 1.2 \times 0.8 = 480$$

'20% 할인(× 0.8)한 뒤, 다시 20% 할증(× 1.2)한 경우'

$$500 \times 0.8 \times 1.2 = 480$$

아래의 도형 중 배열하면 빈틈없이 채워 넣을
수 있는 것을 골라 보세요.

정삼각형   정사각형

정오각형   정육각형

정답: 정삼각형, 정사각형, 정육각형

정삼각형으로 배열하면…

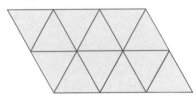

정사각형으로 배열하면…

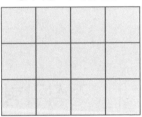

정오각형으로 배열하면…

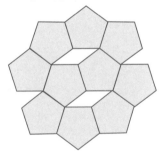

정육각형으로 배열하면…

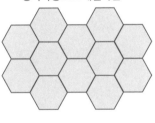

정삼각형, 정사각형, 정육각형처럼 도형이 서로 겹치지 않으면서 빈틈 없이 채워지는 것을 '쪽매맞춤'이라고 합니다.

10명이 2명씩 짝을 지어 자기소개를 하려고 합니다. 자기소개는 모두 몇 회를 하게 될까요?

정답: 45회

1명은 9명과 자기소개를 하므로 '9 + 9 + 9 + ⋯ 9'처럼 9를 10회 반복한다고 말하는 것은 틀렸습니다. 중복된 부분이 나오기 때문이죠. 중복된 부분이 나오지 않고 효율적으로 계산하는 방법을 생각해 봅시다.

아래 그림과 같이 A씨가 자기소개를 하는 사람은 9명입니다. B씨 차례에서 자기소개할 때, A씨도 카운트하면 겹치게 됩니다. B씨는 A씨 이외의 8명과 자기소개를 하면 중복을 피할 수 있습니다. C씨는 7명, D씨는 6명, 이런 식으로 하면 다음과 같은 계산이 성립됩니다.

$$9+8+7+6+5+4+3+2+1=45$$

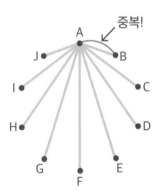

다음의 식을 계산하고 답을 구해 보세요.

$$(x - a)(x - b) \cdots (x - z) = ?$$

힌트!

식을 직접 써서 풀어 보면 쉽게 풀 수 있어요.

정답: 0

$$(x-a)(x-b) \cdots (x-z) = ?$$

문제의 식을 자세히 살펴봅시다.

$$(x-a)(x-b) \cdots (x-x)(x-y)(x-z) = ?$$

위의 식에는 $(x-x)$가 숨어 있습니다.

$$(x-x) = 0$$

0에 어떤 숫자를 곱해도 0이 되므로 답은 0이 됩니다.

3을 100번 곱한 값의 일의 자리 수는 얼마일까요?

'3×3'은 '3을 2번 곱한 것'입니다.

힌트!

3
3×3 = 9
3×3×3 = 27
3×3×3×3 = 81
3×3×3×3×3 = 243

정답: 1

3을 계속 곱하면 일의 자리 수가 어떻게 변하는지 확인해 보겠습니다.

$$3 \to 9 \to 7 \to 1 \to 3 \to 9 \to 7 \to 1 \to 3 \to \cdots$$

'3, 9, 7, 1'이 반복되고 있네요.
3을 4회 곱한 값은 '81'이므로 일의 자리 수는 '1'입니다.
또 3을 8번 곱한 값은 6,561이며 일의 자리 수는 '1'입니다.
3을 12번, 16번, 20번, … 결국 100번 곱해도 일의 자리 수는 마찬가지로 '1'이 됩니다.

> 참고로 3을 100번 곱한 수는 다음과 같습니다.
> 515, 377, 520, 732, 011, 331, 036, 461, 129, 765, 621, 272, 702, 107, 522, 001

1에서 99까지 홀수를 모두 더하면 얼마가 될

까요?

힌트!

언뜻 보면 어려운 듯해도 '포인트'만 잘 잡으면 빨리 풀 수 있어요!

정답: 2,500

1에서 99까지의 홀수를 더하면 다음과 같습니다.
$$1 + 3 + 5 + \cdots + 95 + 97 + 99$$
설마 이 숫자를 일일이 계산하고 있는 건 아니겠죠?
다음과 같이 계산 순서를 바꾸어 100의 묶음으로 만들겠습니다.

$$1 + 3 + 5 + \cdots + 47 + 49$$
$$+ 99 + 97 + 95 + \cdots + 53 + 51$$

$1 + 99, 3 + 97, 5 + 95, \cdots 47 + 53, 49 + 51$ 이와 같이 100의 묶음을 만듭니다.

$$= 100 + 100 + 100 + \cdots + 100 + 100 \, (\leftarrow 100\text{이 } 25\text{개})$$
$$= 100 \times 25$$
$$= 2,500$$

퀴즈
34

1km 떨어진 곳에 살고 있는 수학 선배와 이과 거북은 중간 지점에서 만나서 놀기로 약속했습니다. 두 사람은 시속 5km로 약속 장소로 가고 있습니다. 그런데 이 두 사람 사이를 시속 10km로 문과 토끼가 계속 왕복하고 있습니다. 문과 토끼는 수학 선배와 이과 거북이 만날 때까지 거리를 얼마나 이동하게 될까요?

정답: 1km

수학 선배와 이과 거북은 각각 시속 5km로 다가가고 있기 때문에, 두 사람의 거리는 시속 10km의 속도로 좁혀지고 있습니다.
한편, 문과 토끼도 시속 10km로 두 사람 사이를 왕복하고 있습니다.
즉, 수학 선배와 이과 거북이 다가가는 거리의 합계와 문과 토끼가 왕복하는 거리는 같습니다.

나 혼자 2인분을 달렸어. 아자~!

퀴즈
35

아래 구구단 표에 있는 구구단의 답을 모두 더하면 얼마가 될까요?

	1	2	3	4	5	6	7	8	9
1	1	2	3	4	5	6	7	8	9
2	2	4	6	8	10	12	14	16	18
3	3	6	9	12	15	18	21	24	27
4	4	8	12	16	20	24	28	32	36
5	5	10	15	20	25	30	35	40	45
6	6	12	18	24	30	36	42	48	54
7	7	14	21	28	35	42	49	56	63
8	8	16	24	32	40	48	56	64	72
9	9	18	27	36	45	54	63	72	81

힌트!

언뜻 보기에 귀찮은 계산 같지만 풀어 보면 쉬운 방법이 떠오르는 문제가 있습니다. 이 문제도 마찬가지입니다. 생각해 보세요!

정답: 2,025

1단의 합계는 다음과 같은 계산이 됩니다.

$$1\times1+1\times2+1\times3+1\times4+1\times5+1\times6+1\times7+1\times8+1\times9$$

이것을 1로 묶으면 다음과 같은 계산식이 됩니다.

$$1\times(1+2+3+4+5+6+7+8+9)$$

2단, 3단, ⋯ 9단도 이와 마찬가지로 식을 세울 수 있습니다.

$$2\times(1+2+3+4+5+6+7+8+9),$$
$$3\times(1+2+3+4+5+6+7+8+9)\cdots$$

여기서 $(1+2+3+4+5+6+7+8+9)$의 합은 45이므로 다음과 같이 됩니다.

2단: 2×45 3단: 3×45 4단: 4×45 5단: 5×45

6단: 6×45 7단: 7×45 8단: 8×45 9단: 9×45

따라서 1~9단합계는 다음과 같습니다.

$$1\times45+2\times45+3\times45+4\times45+5\times45+$$
$$6\times45+7\times45+8\times45+9\times45$$

이것을 45로 묶어서 계산해 보면 아래와 같습니다.

$$45\times(1+2+3+4+5+6+7+8+9)$$
$$=45\times45=2{,}025$$

1학년에 110명의 학생이 있습니다. 여학생은 남학생보다 100명 많습니다. 남학생과 여학생은 각각 몇 명일까요?

정답: 여학생 105명, 남학생 5명

얼핏 생각하면 '여학생은 100명, 남학생은 10명'이라고 생각할 수도 있습니다. 그러면 총 학생 수가 110명이 되기는 하지만 여학생이 남학생보다 90명이 많아 틀린 답이 됩니다.
식을 사용해 구해 봅시다.

여학생 수를 X명, 남학생 수를 Y명으로 할 경우, 1학년 총 학생 수가 110명이므로 다음과 같은 식으로 나타낼 수 있습니다.

$$X + Y = 110 \cdots ①$$

또 여학생이 남학생보다 100명 많으므로 다음과 같은 식을 만들 수 있습니다.

$$X = Y + 100 \cdots ②$$

②의 식을 ①의 식에 대입하여 계산해 봅시다.

$$(Y + 100) + Y = 110$$
$$2Y = 10$$
$$Y = 5$$

남학생이 5명이므로 그보다 100명 많은 여학생은 105명입니다.

퀴즈
37

일본 다다미 6장을 사용해 사각형이 되도록 배열하려고 합니다. 다다미를 배열하는 방법은 몇 가지일까요?

단, 6장 모두 아래 그림과 같은 다다미를 사용하는 것으로 하며, 뒤집거나 회전해 같은 모양으로 배열하는 방법은 계산에 포함하지 않습니다.

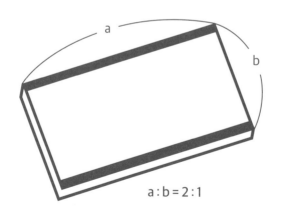

a : b = 2 : 1

정답: 15가지

패턴 ① 5가지

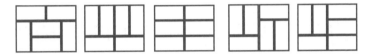

패턴 ② 9가지

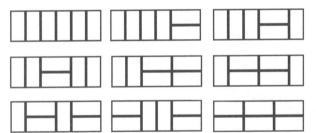

패턴 ③ 1가지

퀴즈
38

다음 그림과 같은 8면체에서 색이 칠해진 면과 마주 보는 면은 어느 것일까요?

'마주 보는 면'이란 어떤 면을 아래로 했을 때 바로 위에 오는 면을 말합니다.

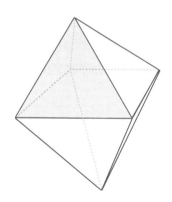

힌트!

펄친그림

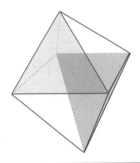

정답:

마주 보는 면은 색이 칠해진 면과 변이나 모서리가 접하지 않는 면입니다.

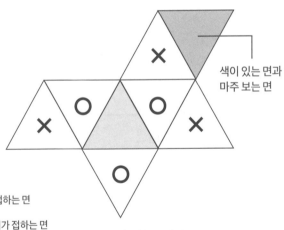

색이 있는 면과
마주 보는 면

○ 변이 접하는 면

✕ 모서리가 접하는 면

아래 ①~③ 중 삼각형을 이루지 못하는 것은 어느 것일까요?

① A = 3cm, B = 3cm, C = 5cm
② A = 2cm, B = 8cm, C = 6cm
③ A = 4cm, B = 5cm, C = 6cm

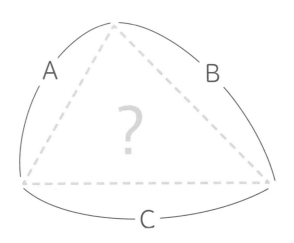

정답: ② A = 2cm, B = 8cm, C = 6cm

2cm, 8cm, 6cm로 세 변을 이루는 삼각형을 만들려고 하면 하나의 선이 되어 버립니다. 두 변의 합이 나머지 한 변의 길이와 같기 때문입니다. 즉, 두 변의 합이 나머지 한 변의 길이에 비해 같거나 작을 경우 삼각형을 만들 수 없습니다.

퀴즈
40

정사각형 5장을 붙이면 몇 가지 종류의 도형을 만들 수 있을까요?

단, 인접한 정사각형의 변끼리는 딱 붙여서 배열합니다. 도형을 회전하거나 뒤집어도 도형의 형태는 변하지 않기 때문에 종류의 가짓수에 포함하지 않습니다.

정답: 12종류

도형의 모양이 알파벳 글자처럼 보이는군요!

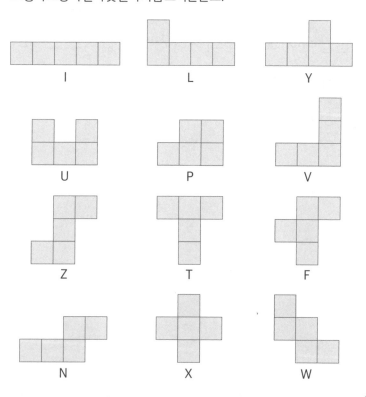

I   L   Y

U   P   V

Z   T   F

N   X   W

퀴즈
41

오늘은 캠핑 가는 날입니다. 차로 캠핑장에 가려고 하는데 직진 노선은 2곳이 공사 중입니다. 그런데 왕복하기에는 휘발유가 빠듯한 형편입니다.

직진은 아니지만 2개의 노선이 더 있는데 모두 반원을 그리는 노선입니다.

문과 토끼는 "멀리 돌아가는 노선으로 가면 주유소에는 못 갈 거야"라고 말합니다.

그런데 이과 거북은 이렇게 말합니다.

"주유소에 들렀다가 가도 돼. 짧게 돌아가는 노선도 어차피 거리는 같거든."

문과 토끼와 이과 거북 중 누구의 말이 맞을까요?

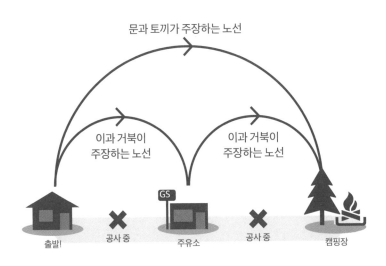

문과 토끼가 주장하는 노선

이과 거북이
주장하는 노선

이과 거북이
주장하는 노선

출발!   공사 중   주유소   공사 중   캠핑장

정답: 이과 거북

출발 지점에서 주유소까지 거리를 5km라고 할 경우,
문과 토끼가 주장하는 노선은 지름 10km의 반원이므로
[원주의 길이 = 지름 × 원주율]로 구한 다음, 반원이니까 2로 나누면

$$10 \times \pi \div 2 = 5\pi$$

이과 거북의 노선은 지름 5km의 반원이 2개입니다.

$$5 \times \pi \div 2 \times 2 = 5\pi$$

따라서 문과 토끼와 이과 거북이 각각 주장하는 노선 거리는 같습니다.

퀴즈
42

지구는 약 몇 km/h로 자전하고 있을까요? 아래 규칙에 따라 구해 보세요.

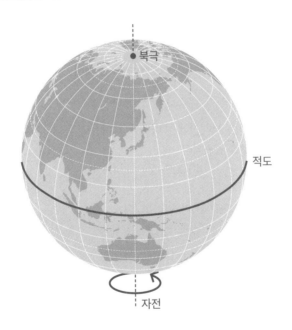

규칙 1: 북극에서 적도까지 거리의 1000만 분의 1을 1m로 정한다.
규칙 2: 지구를 완벽한 구라고 생각한다.
규칙 3: 속도 = 거리 ÷ 시간

정답: 약 1,667km/h

규칙 1과 2에 따라, 북극에서 적도까지의 거리가 1,000만m(= 1만km)라는 것을 알 수 있습니다.

지구가 완벽한 구이므로 지구를 한바퀴 도는 거리는 4를 곱하면 되기 때문에 4만km입니다.

지구는 4만km를 24시간에 한 바퀴 돌기 때문에 규칙 3에 대입해 시간당 속도를 구할 수 있습니다.

$$40,000 \div 24 = 1,666.6 \cdots$$

따라서 시속 약 1,667km가 정답입니다.

오늘이 8월 13일일 경우, 월과 일의 각 자리에 있는 수를 합하면 8 + 1 + 3으로 12가 됩니다. 이것이 가장 작은 수가 되는 날짜는 1월 1일입니다. 이날은 수학 선배의 생일이기도 하죠.

그러면 합이 가장 큰 수가 되는 날짜는 몇 월 며칠일까요?

정답
43

정답: 9월 29일

얼핏 생각해 12월 31일이라고 대답하고 싶을 것입니다. 하지만 이 날짜의 합은 7이 나옵니다.

$$1 + 2 + 3 + 1 = 7$$

가장 큰 달은 9월, 가장 큰 날짜는 29일이므로 합은 20이 됩니다.

$$9 + 2 + 9 = 20$$

저는 새해와 더불어 생일을 맞이합니다

찢어진 페이지가 한 장 포함된 그림책이 있습니다.

찢어진 페이지를 제외한 페이지 번호를 더하면 442가 됩니다. 몇 페이지가 찢어졌을까요?

힌트!

1에서 29까지의 합은 435, 1에서 30까지의 합은 465, 1에서 31까지의 합은 496입니다. 찢어진 페이지이 앞면과 뒷면 숫자를 맞혀 보세요.

정답: 11과 12쪽이 적힌 페이지

찢어진 그림책에서 찢어진 부분을 제외한 페이지 수 합계는 442이므로, 찢어진 페이지를 합치면 힌트에서 465가 된다는 것을 알 수 있습니다.

이제 1~30 중 몇 페이지가 찢어졌는지 한번 생각해 봅시다. 465와 442의 차이는 23이에요.

찢어진 한 페이지의 앞면과 뒷면의 합계가 23이라는 뜻입니다.

합계가 23이 되면서 연속된 수를 찾으면 다음과 같습니다.

$$11 + 12 = 23$$

따라서 찢어진 페이지는 11페이지와 12페이지입니다.

레 벨

3

사고를 완전히 전환해
문제를 풀어 본다!

아이디어력
퀴즈

레벨 3에서는 '아이디어력'이 상당히 필요한 수학 퀴즈를 풀겠습니다. 논리력과 더불어 '좀 더 독특하고 색다른 발상'이 필요한데요. 이런 말을 들으면 살짝 불편하다고 생각하는 독자도 있을 거예요. 그런 사람일수록 퀴즈를 더 열심히 풀길 바랍니다. 아이디어력은 반복하다 보면 익숙해질 수 있기 때문이죠. 먼저 문제를 진지하게 마주해야 합니다. 그러면 문제의 '빈틈'이 얼핏 보일 수도 있습니다. 다양한 관점으로 생각하고 시행착오를 겪어 보는 게 좋습니다.

동전 7개가 그림처럼 책상 위에 놓여 있습니다. 문과 토끼가 보는 방향으로는 3개, 이과 거북이 보는 방향으로는 4개의 코인이 나란히 놓여 있습니다.

1개만 움직여 문과 토끼와 이과 거북 어느 쪽에서 바라봐도 동전이 4개씩 되도록 만들어 보세요.

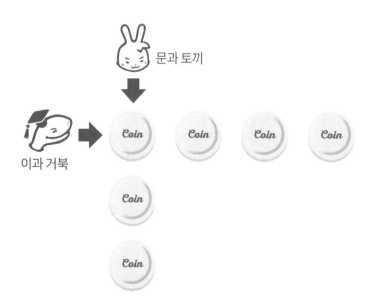

문과 토끼

이과 거북

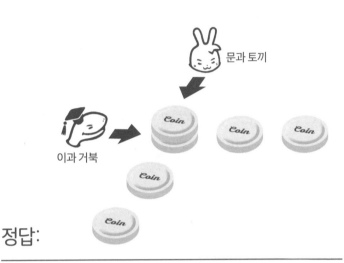

문과 토끼

이과 거북

정답:

이과 거북의 위치에서 보이는 네 번째 코인을 움직여 볼게요. 이 코인을 문과 토끼와 이과 거북에게서 가장 가까운 코인에 겹쳐 놓아 2개를 만듭니다. 그러면 문과 토끼나 이과 거북 어느 쪽에서 봐도 겹쳐 놓은 코인을 포함해 코인이 4개가 됩니다.

넷이서 과자를 먹습니다. 수학 선배는 맨 앞에 앉아 있는데 과자는 아래 그림과 같이 앞에서부터 1개, 2개, 3개, 4개로 나뉘어 있습니다. 제일 앞에 있는 것부터 차례대로 먹어야 하는데 4개를 먹으려면 어떻게 해야 할까요? 과자를 1개만 움직여서 4, 3, 2, 1개가 되도록 정렬해 보세요.

정답: 4종류로 늘어서 있는 과자 중 맨 끝 4개의 과자에서 오른쪽 두 번째를 이동해 보겠습니다. 이것을 앞쪽에 있는 1개와 2개 사이에 놓으면 4개, 3개, 2개, 1개로 정렬됩니다.

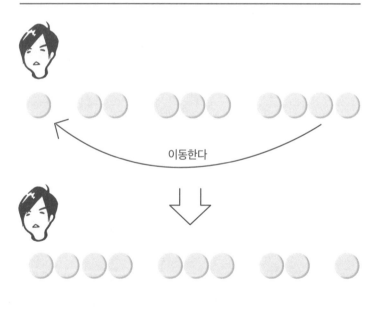

이동한다

다음 계산을 풀어 보세요.

$$\frac{1}{2} + \frac{1}{4} + \frac{1}{8} + \frac{1}{16} + \frac{1}{32} = ?$$

힌트!

물론 하나씩 통분(분모를 같게 만듦)하면 답은 알 수 있겠지만 풀 수 있는 방법이 다양하니 다른 방법으로 풀어 보세요.

정답: $\dfrac{31}{32}$

2가지 예로 문제 푸는 방법을 소개하겠습니다.

$$\frac{1}{32} + \frac{1}{32} = \frac{2}{32} = \frac{1}{16}$$

$$\frac{1}{16} + \frac{1}{16} = \frac{2}{16} = \frac{1}{8}$$

위의 2가지를 이용해 풀어 볼까요?

$\dfrac{1}{2} + \dfrac{1}{4} + \dfrac{1}{8} + \dfrac{1}{16} + \dfrac{1}{32}$

$= \dfrac{1}{2} + \dfrac{1}{4} + \dfrac{1}{8} + \dfrac{1}{16} + \dfrac{1}{32} + \left(\dfrac{1}{32} - \dfrac{1}{32} \right)$

$= \dfrac{1}{2} + \dfrac{1}{4} + \dfrac{1}{8} + \dfrac{1}{16} + \dfrac{1}{16} - \dfrac{1}{32}$

$= \dfrac{1}{2} + \dfrac{1}{4} + \dfrac{1}{8} + \dfrac{1}{8} - \dfrac{1}{32}$

$= \dfrac{1}{2} + \dfrac{1}{4} + \dfrac{1}{4} - \dfrac{1}{32}$

$= \dfrac{1}{2} + \dfrac{1}{2} - \dfrac{1}{32}$

$= 1 - \dfrac{1}{32}$

$= \dfrac{31}{32}$

그 외 다음과 같이 시각적으로 도형을 그려서 푸는 방법이 있습니다.

$1 - \dfrac{1}{32} = \dfrac{31}{32}$

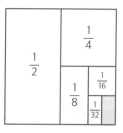

오늘은 1월 1일 수학 선배의 생일입니다! 8명 이 함께 케이크를 먹으려고 하는데요.

칼집을 세 번 내어 둥근 케이크를 8등분이 되게 하려면 어떻게 해야 할까요? 단, 케이크 위에 장 식된 딸기와 크림은 무시하기로 합니다.

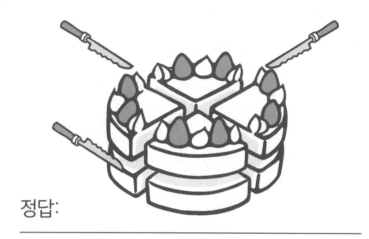

정답:

케이크를 위에서 세로로 한 번, 가로로 한 번 자르면 4등분이 되고, 다시 측면에서 통째로 자르면 8등분이 됩니다.

다만, 누구나 딸기와 크림으로 장식된 케이크 위쪽을 먹고 싶어 할 거예요. 나눈 케이크의 크기는 같아도 딸기나 크림을 못 먹으면 마음속으로는 공평하지 않다고 생각할 수도 있겠군요.

퀴즈
49

문과 토끼와 이과 거북은 오늘 버스로 수학 선배의 수학 교실에 갈 예정입니다. 도로 맞은편에 보이는 버스는 A와 B 중 어느 방향으로 가고 있을까요(참고로 일본의 버스 운전석과 출입문은 한국과 반대 위치에 있습니다)?

힌트!

이것은 초등학생용 문제예요. 유연하게 생각하면 쉽게 알 수 있어요.

정답: B

일본의 경우 운전석이 오른쪽이므로 버스의 출입구는 진행 방향의 왼쪽에 있습니다. 문제의 그림에는 출입구가 보이지 않으므로 반대쪽에 있다는 것을 알 수 있습니다. 따라서 버스는 B 방향으로 가고 있습니다.

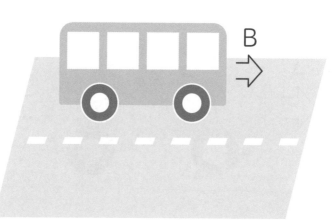

퀴즈
50

이과 거북은 정사각형 모양의 초콜릿을 5개 만들었습니다. 모두 같은 크기인데요. 이것을 겹치지 않게 상자 바닥에 깔려고 하면 최대한 작은 정사각형 상자에 어떻게 채워야 할까요?

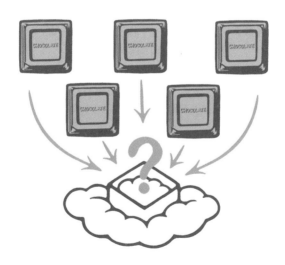

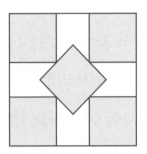

정답:

참고로 이 방법이 증명된 시기는 1979년입니다. 이처럼 서로 겹치지 않으면서 빈틈없이 평면 또는 공간을 채우는 '쪽매 맞춤' 문제에 착수해 밝혀내기 시작한 것은 비교적 최근의 일입니다.

정사각형 11개, 54개를 빈틈없이 채우는 방법은 아직 증명되지는 않았지만 현재 아래와 같은 형태가 유력합니다. 이처럼 쪽매 맞춤 문제는 미해결 수학 분야 중 하나입니다.

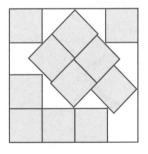

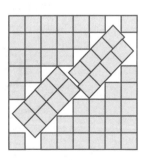

둥근 핫케이크를 위에서 아래로 똑바로 한 번 자르면 2개로 나뉩니다. 핫케이크를 다시 한 번 자르면 4개로 나뉩니다.

이런 식으로 핫케이크를 가능한 한 많이 자르고 싶은데요. 위에서 똑바로 4회 자를 때 최대 몇 개로 나눌 수 있을까요? (단, 잘린 조각의 크기는 같지 않아도 됩니다.)

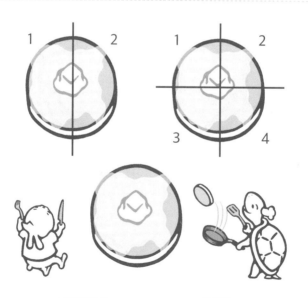

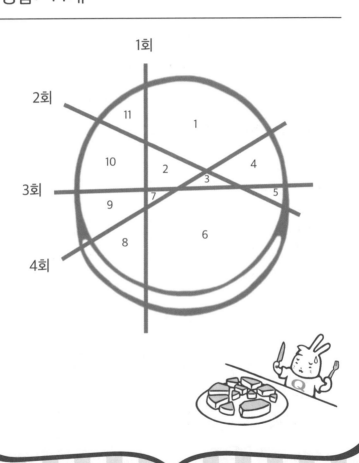

정답: 11개

1회

2회

11

1

10

2

4

3

3회

9

7

5

8

6

4회

52

아래의 식에 있는 5개의 로마자에 5부터 9까지 숫자를 하나씩 넣어 식을 완성해 보세요. 단, a < b이며 정답은 2가지입니다.

$$a \times b + c = de$$

레벨 3 117 아이디어력 퀴즈

정답: $7 \times 8 + 9 = 65$
$6 \times 8 + 9 = 57$

이 문제도 숫자를 하나씩 대입하면 정답을 찾을 수 있지만, 좀 더 효율적인 방법을 찾아보기로 할까요.

먼저 de를 주목해 보겠습니다. 5~9로 만들 수 있는 2자리의 수 중 최소는 56, 최대는 98입니다.

다음으로 a, b, c에 대입해 de가 최대가 되는 수를 확인해 보겠습니다.

$$8 \times 9 + 7 = 79$$

따라서 de는 최소 56, 최대 79라는 것을 알 수 있습니다.

여기서 문제의 식을 변형하면 다음과 같습니다.

$$a \times b = de - c$$

이 공식에 따라, [a×b]는 최소 47, 최대 74가 됩니다.

$$a \times b = de(56) - c(9) = 47 \langle 최소치 \rangle$$
$$a \times b = de(79) - c(5) = 74 \langle 최대치 \rangle$$

[a×b]에 해당되는 조합 중 47~74 범위 내의 값을 찾아보면 다음과 같습니다.

$$6 \times 8 = 48 \quad 7 \times 7 = 49 \quad 6 \times 9 = 54$$
$$7 \times 8 = 56 \quad 7 \times 9 = 63 \quad 8 \times 9 = 72$$

[7×7]은 같은 숫자가 중복되므로 제외하고 위의 5가지를 a, b에 대입해 계산하면 위의 정답을 찾을 수 있습니다.

퀴즈
53

다음 그림에서 세로와 가로의 점과 점 사이 간격은 1cm입니다. 이 점들을 이용해 5cm²의 정사각형을 그려 보세요.

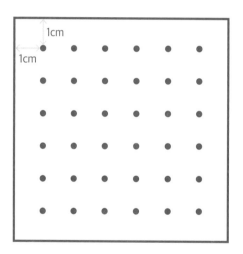

힌트!

√(루트)를 몰라도 풀 수 있어요!

정답

53

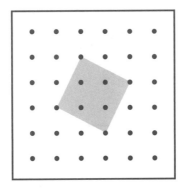

정답:

1cm×1cm의 정사각형(1cm²)을 아래 그림과 같이 십(+)자 모양이 되도록 5개를 만듭니다.

정사각형이 될 수 있게 십자의 각 점을 연결하면 빠진 부분(흰 삼각형)과 같은 면적의 삼각형(검은 부분)이 생기기 때문에 5cm²의 정사각형이 만들어집니다.

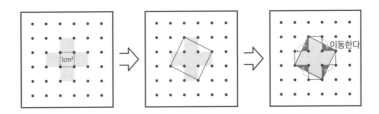

퀴즈
54

문과 토끼와 이과 거북은 2개의 코스를 미니카 2대를 타고 같은 속도로 달리며 시합을 합니다.

2가지 코스가 있는데요.

'지름 22m 원의 반 바퀴를 도는 A코스'

'가운데 있는 여러 개의 원을 반 바퀴씩 돌아서 오는 B코스'

위 2가지 코스의 승부 결과는 어떻게 나올까요?

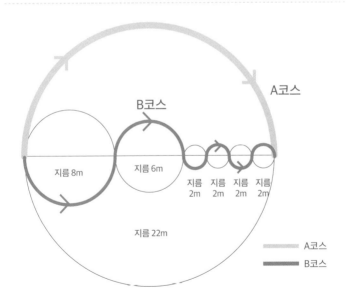

정답: 무승부

A, B 두 코스의 거리는 같습니다.
[원주의 길이 = 지름 × 원주율]로 확인해 보겠습니다.

먼저 A코스의 길이를 구해 봅시다.
$$22 \times \pi \div 2 = 11\pi(m)$$

B코스의 길이를 구해 보겠습니다.
$$(8 \times \pi \div 2) + (6 \times \pi \div 2) + (2 \times \pi \div 2) \times 4$$
$$= 4\pi + 3\pi + 4\pi$$
$$= 11\pi(m)$$

불을 붙이면 1시간 만에 다 타 버리는 밧줄 2개가 있습니다. 또 불을 붙이면 꺼지는 성냥 4개비가 있습니다.

이 밧줄과 성냥을 전부 사용하는 데 45분이 걸리도록 하려면 어떻게 사용해야 할까요?

정답: 밧줄 하나에는 양 끝에 불을 붙이고, 다른 밧줄에는 한쪽만 불을 붙입니다. 양 끝에 불을 붙인 밧줄이 다 타 버린 후(30분), 즉시 아직 타고 있는 밧줄의 다른 한쪽에 불을 붙입니다. 이 밧줄까지 다 타면 15분이 걸리므로 총 45분이 됩니다.

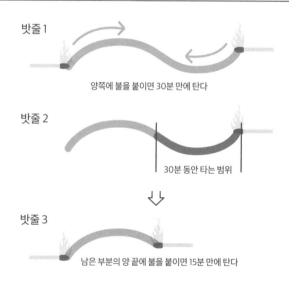

밧줄 1

양쪽에 불을 붙이면 30분 만에 탄다

밧줄 2

30분 동안 타는 범위

⇩

밧줄 3

남은 부분의 양 끝에 불을 붙이면 15분 만에 탄다

퀴즈
56

5 × 5칸의 체스 판이 있습니다. 세로, 가로, 사선으로 이동할 수 있는 '퀸' 5개가 서로 부딪히지 않으려면 어떻게 배치해야 할까요?

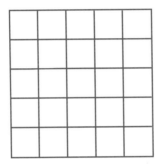

힌트!

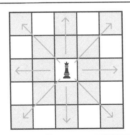

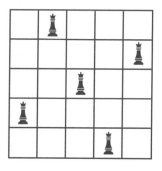

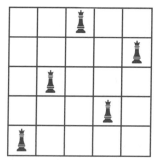

정답:

퀴즈
57

2종류, 3종류의 벤다이어그램은 다음과 같이 그립니다. 4종류의 벤다이어그램은 어떻게 그릴 수 있을까요?

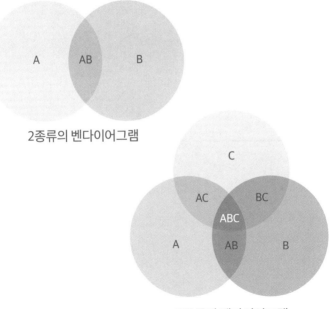

2종류의 벤다이어그램

3종류의 벤다이어그램

정답

57

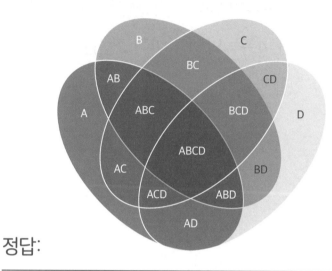

정답:
_____

101~199%로 확대할 수 있는 복사기가 있습니다. 이 복사기를 두 번 사용해 200%로 확대하려면 어떻게 해야 할까요?

힌트!

한 번에 200%로 확대 복사를 할 수 없으니까…

정답: 125%로 확대 복사한 뒤, 160%로 확대 복사합니다.

125%(1.25배)로 확대한 뒤, 160%(1.6배)로 확대하면 200%(2배)가 됩니다.

$$1.25 \times 1.6 = 2$$

물론, 순서를 바꿔 160%로 확대하고 다시 125%로 확대해도 200%가 됩니다.

정사면체, 정육면체, 정팔면체, 정십이면체, 정

이십면체 모두 변의 길이가 같을 경우 부피가

가장 큰 것은 어느 것일까요?

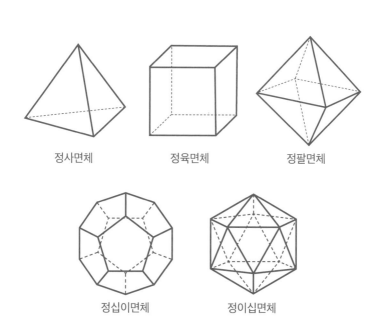

정사면체   정육면체   정팔면체

정십이면체   정이십면체

정답 59

정답: 정십이면체

다면체 한 변의 길이가 모두 같을 경우 아래와 같이 됩니다. 정십이면체가 가장 크다는 것을 알 수 있어요.

정사면체

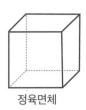
정육면체

정팔면체

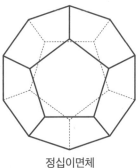
정십이면체

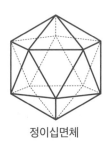
정이십면체

퀴즈
60

초등학생이 풀 정도의 난이도로, 일본에서 중학교 입시에 나오는 문제입니다!

다음 중 펼친그림이 정사각형이 되는 것은 어떤 입체 도형일까요?

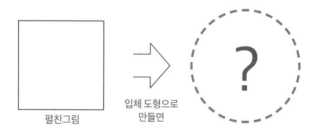

펼친그림

입체 도형으로 만들면

?

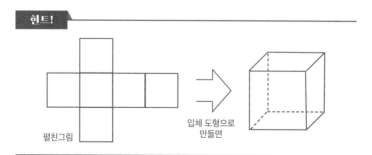

펼친그림

입체 도형으로 만들면

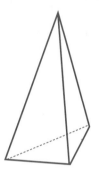

정답: 삼각추

펼친그림이 정사각형일 경우, 만들 수 있는 입체 도형은 다음과 같습니다.

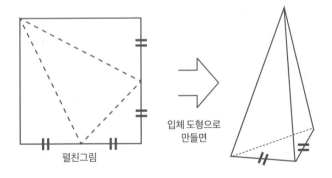

펼친그림

입체 도형으로 만들면

티슈 박스의 대각선 길이를 재려고 할 경우, 자를 어떻게 사용하면 될까요?

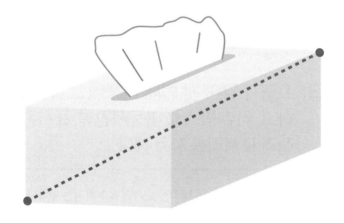

정답
61

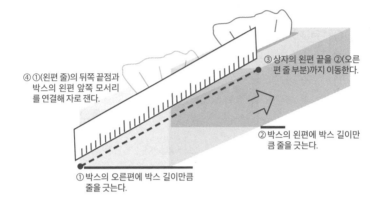

④①(왼편 줄)의 뒤쪽 끝점과 박스의 왼편 앞쪽 모서리를 연결해 자로 잰다.

③ 상자의 왼편 끝을 ②(오른편 줄 부분)까지 이동한다.

② 박스의 왼편에 박스 길이만큼 줄을 긋는다.

① 박스의 오른편에 박스 길이만큼 줄을 긋는다.

정답: 그림과 같이 첫 번째 지점에 표시 2개를 하고, 티슈 박스를 이동시킨 후 표시된 지점과 모서리를 자로 잰다.

티슈가 들어 있는 티슈 상자의 대각선을 직접 측정하지는 못하니까 발상의 전환을 해 봐야겠죠. 대각선이 될 위치에 표시해 두면 측정할 수 있어요.

자녀가 많은 어느 대기업 사장이 세상을 떠나면서 재산을 금괴로 상속한다는 유서를 남겼습니다.

맏아들은 32kg의 금괴를 받았습니다. 둘째 아들은 그 절반인 16kg, 셋째 아들은 또 그 절반의 양을 가져갑니다. 넷째, 다섯째…로 이어져 막내아들은 한 살 위의 형제와 같은 양인 1kg을 받아 금괴가 모두 상속되었습니다. 그러면, 금괴는 원래 모두 몇 kg이었을까요?

정답: 64kg

합하면 64kg

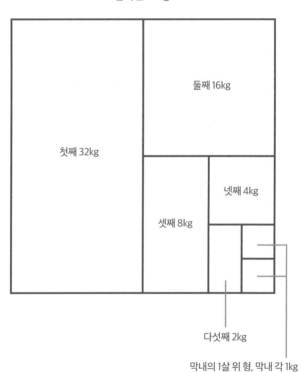

첫째 32kg

둘째 16kg

셋째 8kg

넷째 4kg

다섯째 2kg

막내의 1살 위 형, 막내 각 1kg

다음 빈칸에 1, 2, 3, 4를 넣어 나오는 값 중 가장
큰 값이 되도록 숫자를 넣어 보세요.

$$\square\square \times \square\square = ?$$

정답: 32 × 41

가장 큰 수는 1,312입니다.

가장 큰 수를 만들기 위해 각 10의 자리에 큰 숫자를 넣어야 합니다.
3□ × 4□ = ?

2는, 곱하면 더 커지는 수가 되도록 배치합니다. 즉, 2에 3을 곱하는 것보다 4를 곱하는 것이 더 커지기 때문에 31 × 42가 아니라 32 × 41이 됩니다.

퀴즈
64

이미지를 그려서 생각해 보세요!

가로, 세로, 높이 각 3개씩 쌓은 목재가 있습니다.

Q1. 가장 많이 보이는 각도에서 봤을 때 몇 개의 쌓기가 보일까요?

Q2. Q1에서 보이지 않는 목재는 몇 개일까요?

정답: ① 19개
② 8개(목재의 총 개수가 27개[3 × 3 × 3]
이므로 27 – 19 = 8개)

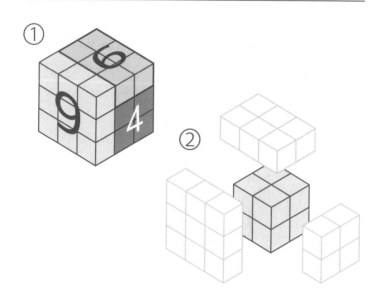

원에 점 8개가 있습니다. 이 중 3개의 점을 사용해 원 안에 삼각형을 만들어 보세요. 몇 가지 모양의 삼각형이 만들어질까요?

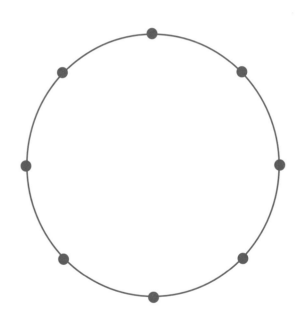

정답: 5가지

원에서 마주하는 호의 길이로 삼각형을 나타내면, (1-1-6), (1-2-5), (1-3-4), (2-2-4), (2-3-3)의 5가지 모양뿐입니다. 이것을 도형으로 나타내면 다음과 같습니다.

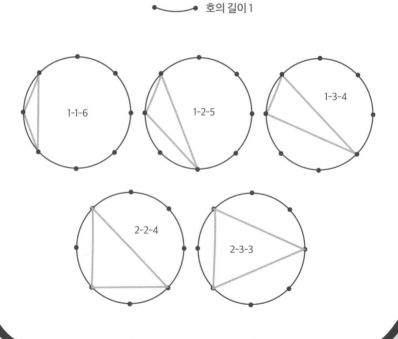

퀴즈
66

다음 모눈종이에 그려져 있는 도형에 1개의 직선을 그어 같은 면적의 도형 2개로 나누어 보세요. 단, 면적을 나누는 직선은 점 A를 지나야 합니다.

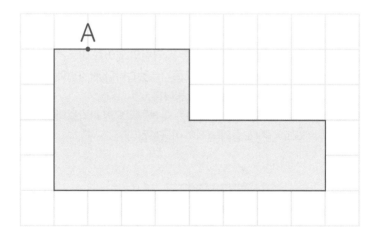

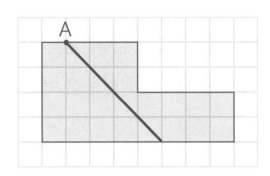

정답:

사각형을 위와 아래 2개의 사각형으로 나눕니다(아래 그림 참조).
'사각형의 무게중심을 지나는 직선은 사각형의 넓이를 이등분한다'는
명제를 이용해 사각형의 면적을 반으로 나누겠습니다. 사각형에 대각선
을 2개 그으면 그 교점이 무게중심이 됩니다.

위와 아래 2개의 무게중심을 연결하는 직선을 그으면 사각형의 면적이
반으로 나뉘므로 전체 도형의 면적이 이등분됩니다.

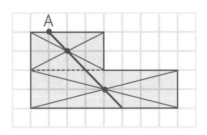

레 벨

4

생각에 생각을
거듭하면 보인다!

사고력
퀴즈

어떤 문제는 해결해 줄 단서가 꽁꽁 숨어 있어 찾기가 쉽지 않은 것도 있습니다. 또 문제를 효율적으로 푸는 방법을 찾지 못할 수도 있죠. 그럴 때는 초조해하지 말고 차분히 문제를 바라보면, 갑자기 정답이 눈에 보일 수도 있습니다. 그렇다고 그런 순간이 올 때까지 아무 생각을 하지 않아도 된다는 말은 아닙니다. 차근차근 하나씩 누락되는 것이 없도록 깊이 생각하면서 풀어나가야 합니다. 꼭 생각에 생각을 거듭해 풀어 보세요.

퀴즈
67

문과 토끼와 이과 거북이 '주사위 놀이'로 승부를 겨루려고 합니다. 한 번에 골인하려면 주사위 눈을 어떻게 굴려야 할까요?

Q1.

출발		1칸 후퇴	2칸 전진		도착

주사위 눈 ⚀ ⚁ ⚂

Q2.

출발		1칸 전진		3칸 전진		5칸 후퇴

주사위 눈 ⚀ ⚂ ⚁ ⚅

	도착		1칸 후퇴

규칙 1: 연속으로 주사위를 굴린다. 주사위 눈의 순서를 재정렬한다.
규칙 2: 주사위 눈을 모두 사용해야 한다.
규칙 3: 딱 맞게 '도착' 지점에 들어가야 한다.
       (예를 들어 도착까지 나머지가 2칸일 경우, 2가 나오면 골인이
       되고 3이 나오면 골인이 아니다.)

주사위 눈을 하나씩 맞춰 보고 정답을 말해도 되지만, 수학적으로 계산해 정답을 구해 보도록 할게요.

먼저, 문제를 잘 읽은 뒤 '출발'부터 '도착'까지 몇 칸인지 세고 주사위 눈의 합계를 계산합니다. 주사위 판의 '전진'과 '후퇴'를 이용해 딱 맞게 골인합니다.

Q1은 '출발'부터 '도착'까지 5칸입니다. 문제에 나온 주사위 눈의 합이 6이므로 1칸을 넘어가게 됩니다. 이때 '1칸 후퇴'를 이용하면 되므로 먼저 '2'를 제일 앞에 놓습니다. 다음은 '3' → '1'의 순서로 놓으면 골인합니다.

Q2는 '도착'까지 10칸이고, 주사위 눈의 합이 13입니다. '5칸 후퇴', '1칸 후퇴', '3칸 전진'을 조합하면 3칸 후퇴가 되므로 골인한다는 것을 알 수 있습니다. 처음에 '6'을 놓아 '5칸 후퇴'하고, 그다음 '3'을 놓아 '3칸 전진'합니다. '1칸 후퇴'하기 위해 '1'을 놓고, 마지막으로 '3'을 놓으면 골인합니다.

수학 선배와 이과 거북은 인도 카레가 먹고 싶었습니다. 저울이 없지만, 카레 하나를 수학 선배와 이과 거북 둘이서 공평하게 반으로 나누려고 하는데요. 어떻게 나누면 될까요?

정답: 먼저 나누는 사람, 선택하는 사람을 정합니다. 나누는 사람을 수학 선배라고 할게요. 먼저 수학 선배가 카레를 공평하게 반으로 나눕니다. 그다음 이과 거북이 어느 쪽을 먹을지 선택합니다.

수학 선배는 반으로 나눌 주도권이 있고, 이과 거북은 나눠진 카레를 먼저 선택할 주도권이 있습니다. 이렇게 하면 양쪽 모두 공평하다고 생각하게 됩니다.

네 자리의 수가 있습니다. 각 자리의 숫자를 '큰 순서로 나열한 수'에서 '작은 순서로 나열한 수'를 빼서 나온 수는 6의 배수와 9의 배수 중 어느 쪽이 될까요?

정답: 9의 배수

4개의 숫자를 a, b, c, d(a > b > c > d)라고 할 때, 큰 순서로 나열한 네 자리의 수는 [1000a + 100b + 10c + d]로 나타낼 수 있습니다.
그리고 작은 순서로 나열한 수는 [1000d + 100c + 10b + a]로 나타낼 수 있습니다. 큰 순서로 나열한 네 자리의 수에서 작은 순서로 나열한 네 자리의 수를 빼면 다음과 같습니다.

$$(1000a + 100b + 10c + d) - (1000d + 100c + 10b + a)$$
$$= 999a + 90b - 90c - 999d$$
$$= 9(111a + 10b - 10c - 111d)$$

따라서 큰 순서로 나열한 수에서 작은 순서로 나열한 수를 빼면 9의 배수가 됩니다.

시계의 긴 바늘과 짧은 바늘은 하루에 몇 회 겹
칠까요?

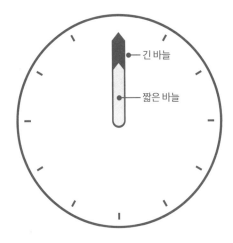

하루를 00:00~23:59로 나타내고, 최초의 00:00을 1회로 계산합니다.

힌트!

24회는 정답이 아니에요.

정답: 22회

00:00시에서 긴 바늘과 짧은 바늘이 겹치면서 시작합니다.
1시 5분을 조금 지나서 두 번째로 겹칩니다. 긴 바늘이 1시간에 한 바퀴 회전하기 때문에 정답이 24회라고 생각하겠지만 그렇지 않습니다. 11시가 관건이죠.
11시부터 12시까지는 바늘이 겹치지 않습니다. 따라서 12시간마다 한 번, 즉 하루에 두 번 겹치지 않으므로 정답은 22회입니다.

11:55 겹치지 않는다

12:00 겹친다

〈긴 바늘과 짧은 바늘이 겹치는 대략적인 시각 일람표〉

0시 00분 00초	1시 5분 27초	2시 10분 55초
3시 16분 22초	4시 21분 49초	5시 27분 16초
6시 32분 44초	7시 38분 11초	8시 43분 38초
9시 49분 5초	10시 54분 33초	

다음 계산을 풀어 보세요.

요령을 알면 단번에 정답을 알아낼 수 있습니다.

$$\left(1-\frac{1}{2}\right)\left(1-\frac{1}{3}\right)\left(1-\frac{1}{4}\right)$$
$$\cdots\left(1-\frac{1}{99}\right)\left(1-\frac{1}{100}\right) = ?$$

복잡할 줄 알았는데
막상 풀어 보니 쉬운데!

정답: $\dfrac{1}{100}$

$$(1-\frac{1}{2})(1-\frac{1}{3})(1-\frac{1}{4})\cdots$$

$$\cdots(1-\frac{1}{99})(1-\frac{1}{100}) = ?$$

$$= \frac{1}{2} \times \frac{2}{3} \times \frac{3}{4} \times \frac{4}{5} \times \cdots \times \frac{98}{99} \times \frac{99}{100}$$

$$= \frac{1}{\cancel{2}} \times \frac{\cancel{2}}{\cancel{3}} \times \frac{\cancel{3}}{\cancel{4}} \times \frac{\cancel{4}}{\cancel{5}} \times \cdots \times \frac{\cancel{98}}{\cancel{99}} \times \frac{\cancel{99}}{100}$$

$$= \frac{1}{100}$$

퀴즈
72

정육면체의 펼친그림이 11가지가 있습니다. 다음 중 하나는 입방체를 만들 수 없습니다. 어느 것일까요?

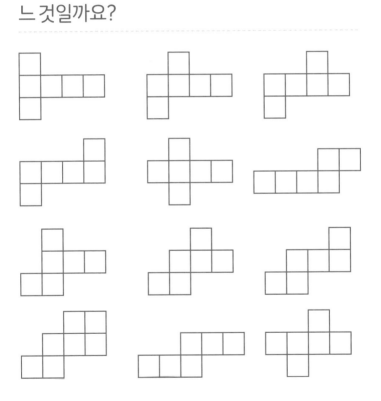

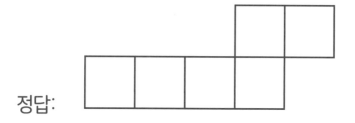

정답:

이 펼친그림을 조립하면 다음과 같이 정육면체가 되지 않습니다. 한 면이 겹치고, 한 면이 비는 형태로 완성됩니다.

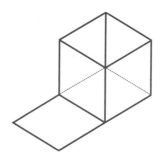

올해도 내년도 윤년이 아닙니다.

오늘은 목요일입니다. 내년의 오늘은 무슨 요일

일까요?

1년은 365일이고,
1주일은 7일.
그러니까… 아, 어려워!

정답: 금요일

1년은 365일입니다. 1주일 단위로 요일이 한 바퀴 돌기 때문에 7로 나누어 보겠습니다.

$$365 \div 7 = 52 \cdots 1(나머지)$$

1년은 52주이고 하루 남습니다.
따라서 윤년이 아니면 내년의 오늘은 요일로 볼 때 하루 뒷날이 됩니다.

퀴즈
74

□에 1~9를 하나씩 넣어 계산식을 완성해 보세요.

$$\boxed{} - \boxed{} = \boxed{}$$
$$\times$$
$$\boxed{} \div \boxed{} = \boxed{}$$
$$\parallel$$
$$\boxed{} + \boxed{} = \boxed{}$$

$$9 - 5 = 4$$
$$\times$$
$$6 \div 3 = 2$$
$$=$$

정답: $$7 + 1 = 8$$

먼저 나눗셈부터 살펴봅시다. 1~9의 숫자를 하나씩 사용하기 때문에 '정답은 나누어떨어지는 수'이며 '같은 숫자를 사용하지 않는다'는 것을 알 수 있습니다. 그러면 아래의 계산밖에 없습니다.

①8÷4=2　　②8÷2=4　　③6÷3=2

위의 3가지를 세로의 곱셈에 대입해 보겠습니다.

②를 대입해 보면 세로 식은 4의 곱셈이 됩니다. 하지만 [1×4=4](4가 중복), [2×4=8](8이 중복)이 됩니다. 따라서 ②는 정답이 아닙니다.

①을 대입해 보면 세로 식은 2의 곱셈이 됩니다. 곱셈은 [1×2=2](2가 중복), [3×2=6](중복 없음), [4×2=8](4와 8이 중복)이므로 [3×2=6]을 넣어 봅시다.

이제 덧셈의 식에 들어갈 숫자는 남은 숫자 4개 [1, 5, 7, 9] 중 [1+5=6]이 해당됩니다. 하지만 뺄셈의 식은 [9-7=3]이 되어야 하는데 계산이 맞지 않습니다.

따라서 나눗셈은 ③의 식(6÷3=2)이 해당되며 나머지 숫자도 쉽게 풀릴 것입니다.

다음과 같이 계산하면 일의 자리에 들어가는 숫
자는 무엇이 될까요?

Q1. 1에서 99까지 곱하기
Q2. 1에서 99까지 중 홀수를 곱하기

정답: Q1. 0
　　　Q2. 5

문제에서 '1에서 99까지 곱하기'는 다 계산하지 않아도 정답이 나옵니다.

Q1은 1~99의 곱셈이기 때문에 ×10이 반드시 들어갑니다. 그러면 일의 자리는 결국 0이 되죠.

Q2는 홀수에 5를 곱하면 일의 자리는 반드시 5가 됩니다.
1~9의 홀수를 곱셈으로 확인해 볼게요.

$$1 \times 3 \times 5 \times 7 \times 9 = 3 \times 5 \times 7 \times 9 (\leftarrow 1 \times 3의 \ 계산 \ 값 \ 대입)$$
$$= 15 \times 7 \times 9 (\leftarrow 3 \times 5의 \ 계산 \ 값 \ 대입)$$
$$= 105 \times 9 (\leftarrow 15 \times 7의 \ 계산 \ 값 \ 대입)$$
$$= 945$$

5를 곱셈한 뒤에는 다른 숫자를 곱해도 일의 자리가 계속 5가 된다는 것을 알 수 있습니다.

퀴즈
76

45 × 45=2,025를 이용하여 다음 빈칸에 맞는 두 자릿수의 숫자를 찾아보세요.

$$[\square \times \square = 2{,}021]$$

힌트!

예를 들어 [100 × 100]과 [102 × 98]을 도형으로 그려 비교해 봅니다.

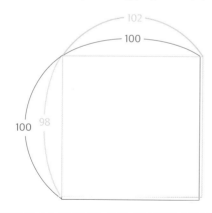

100 × 100 = 10,000
102 × 98 = 9,996

정답: $2,021 = 43 \times 47$

___

힌트!의 도형을 한번 자세히 살펴보겠습니다.

도형 [100 × 100]에서 밀려 나간 도형 [102 × 98]의 오른쪽 부분은 [2 × 98]이 됩니다. [102 × 98]에서 밀려 나간 도형 [100 × 100]의 아래쪽에 [2 × 100]가 생기는데 이것은 [2 × 98]과 [2 × 2]로 나눌 수 있습니다. [100 × 100 = 10,000]과 [102 × 98 = 9,996]의 면적 차이는 같은 면적 [2 × 98]을 각각 제외하면 [2 × 2]가 남게 되므로 두 도형은 4만큼 차이가 납니다.

마찬가지로 [45 × 45]를 사용해 2,025와 2,021의 차이 4를 만들어 봅시다. 그러면 쉽게 [? × ?]의 정답을 알 수 있습니다.

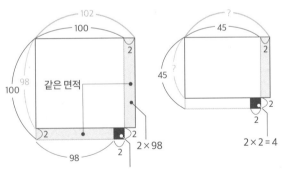

[100 × 100]과 [98 × 102]의 차이는 2 × 2 = 4

주사위 5개를 던지니 눈의 합이 12가 나왔습니다. 이때 뒷면의 눈의 합은 얼마일까요?

주사위의 앞면과
뒷면의 합은 7이니까…

정답: 23

주사위는 앞면과 뒷면의 합이 7이 되도록 만들어져 있습니다. 조합은 (1·6)(2·5)(3·4) 3가지입니다.

주사위 5개를 던져서 나온 앞면과 뒷면의 합은 35(=5×7)가 됩니다.

문제에서 주사위 5개를 던져서 나온 앞면의 합이 12이므로 뒷면의 합계는 23(=35-12)이 됩니다.

A초콜릿 2개의 가격은 그 초콜릿의 가격을 반

으로 나눈 것에 3,000원을 더한 금액입니다.

A초콜릿 1개의 가격은 얼마일까요?

정답: 2,000원

문제를 한번 자세히 읽어 보세요.
'① 초콜릿 2개의 가격'과 '② 그 초콜릿 가격을 반으로 나눈 것에 3,000원을 더한 금액'이 같다는 것을 알 수 있습니다. 초콜릿 1개의 가격을 여러 가격을 넣어 구해 보겠습니다.
1,000원일 경우: ① $1,000 \times 2 = 2,000$ ② $1,000 \div 2 + 3,000 = 3,500$

①과 ②의 답을 비교하면 초콜릿 가격이 1,500원 차이가 나므로 틀렸습니다. 가격을 높여 봅시다.
3,000원일 경우: ① $3,000 \times 20 = 6,000$ ② $3,000 \div 2 + 3,000 = 4,500$

이번에도 1,500원만큼 가격 차이가 납니다. 가격을 낮춰 보겠습니다.
2,000원일 경우: ① $2,000 \times 2 = 4,000$ ② $2,000 \div 2 + 3,000 = 4,000$

정답을 찾았습니다. 이 문제는 가격을 X로 하여 방정식으로 만들면 더 쉽게 풀립니다.
$$2X = X + 3,000 \text{(이 식의 양변에 2를 곱해 보겠습니다)}$$
$$4X = X + 6,000 \text{(좌변을 X로 정리해 보겠습니다)}$$
$$3X = 6,000 \text{(양변을 3으로 나누겠습니다)}$$
$$X = 2,000$$

빈칸이 5개 있습니다. 0~4까지 5개의 수를 하나씩 넣어 식이 성립되도록 해 보세요.

$$\boxed{} + 8 - 9 \times \boxed{} = 2$$

$$\boxed{} + 6 - 5 \times \boxed{} = \boxed{}$$

정답:

$$\boxed{3} + 8 - 9 \times \boxed{1} = 2$$
$$\boxed{4} + 6 - 5 \times \boxed{2} = \boxed{0}$$

숫자가 들어 있는 첫 번째 식부터 풀어보겠습니다.

$$\square + 8 - 9 \times \square = 2$$

'8'과 무엇을 더한 수에서 '9'와 무엇을 곱한 수를 빼면 '2'가 됩니다.
'9'와 곱셈을 먼저 해 보면 아래의 경우가 나옵니다.

$$9 \times 0 = 0 \quad 9 \times 1 = 9 \quad 9 \times 2 = 18$$

다시 '8'에 최대의 수 '4'를 더하면 12(= 8 + 4)가 됩니다. 여기에 위의 곱셈 결과(0, 9, 18)를 빼면 3가지 숫자 어느 것도 '2'가 되지 않으므로 '4'는 정답이 아닙니다.

다시 '8'에 '3'을 더하면 11(= 8 + 3)이 됩니다. 여기에 위의 곱셈 결과(0, 9, 18) 중 '9(= 9 × 1)'를 빼면 2가 되므로 9 × 1이 맞습니다. 따라서 식을 계산해 보면 다음과 같습니다.

$$3 + 8 - 9 \times 1 = 2$$

남은 숫자 0, 2, 4를 사용해 두 번째 식을 계산해 보겠습니다.

$$\square + 6 - 5 \times \square = \square$$

곱셈에 0을 넣을 때 결과가 6 이상이 나와야 하므로 [5 × 0]은 아닙니다.
또 4를 대입하면 [5 × 4 = 20]으로 큰 수가 되어 정답이 아니고, 결국 2를 대입해 [5 × 2]가 되면 맞습니다. 나머지는 [□ + 6 - 5 × 2 = □]에 4와 0을 차례로 넣으면 됩니다.

$$4 + 6 - 5 \times 2 = 0$$

퀴즈
80

아래의 도형에서 가장 적은 수의 색으로 색칠을 할 경우, 몇 가지 색이 있으면 될까요? 단, 인접한 칸은 다른 색으로 칠해야 합니다.

정답: 4색

□ 안에 아래의 각 질문에 맞춰 1~9의 숫자를 하나씩 넣어 덧셈한 값을 말해 보세요.

Q1. 가장 큰 값이 나오는 덧셈 결과
Q2. 가장 작은 값이 나오는 덧셈 결과

$$\begin{array}{c} \square\;\square\;\square \\ +\;\;\square\;\square\;\square \\ \hline \square\;\square\;\square \end{array}$$

정답: Q1. 981
　　　Q2. 459

Q1. 예)

	6	5	7
+	3	2	4
	9	8	1

Q2. 예)

	1	7	3
+	2	8	6
	4	5	9

퀴즈
82

D—E에 골대가 있습니다. A~C 지점에서 공을 찼을 때, 골대 쪽으로 가는 각도가 가장 넓고 들어가기 쉬운 위치는 어느 것일까요?

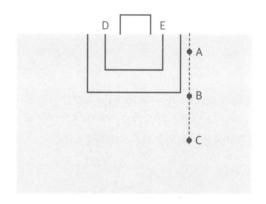

힌트!

원주 위의 두 점과, 이것을 연결하는 원주 위의 다른 한 점이 만드는 각도는 어디나 같습니다(원주각의 성질). 원이 커지면…?

정답: B

두 점을 지나는 2개의 원에서 각 원주 위에 A와 A'가 있습니다. 원이 작을수록 원주각의 각도가 크다는 것을 알 수 있습니다.

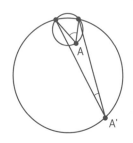

골대인 D—E와 A~C의 각 점을 지나는 원을 각각 그릴 경우, 점 B를 통과할 때의 원이 가장 작습니다. 원이 가장 작은 DBE가 만드는 각도가 가장 크기 때문에 B가 공을 차기 가장 좋은 위치가 됩니다.

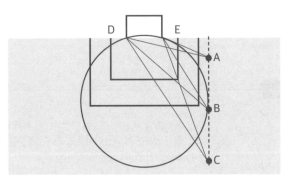

다음의 Q1과 Q2에 해당하는 수(자연수)를 맞
춰 보세요.

Q1. 더해도 곱해도 같아지는 수는?

$$\bigcirc + \bigcirc = \bigcirc \times \bigcirc$$

Q2. 더해도 곱해도 같아지는 3가지 수의 조합은?

$$\triangle + \square + \diamondsuit = \triangle \times \square \times \diamondsuit$$

정답: Q1. 2
　　　Q2. 1, 2, 3의 조합

Q1의 식에 2를 대입해 봅시다.

$$2+2=2\times2=4$$

Q2의 식에 1, 2, 3을 대입해 보겠습니다.

$$1+2+3=1\times2\times3=6$$

곱하면 더 큰 수가 되므로 위의 정답보다 큰 수의 조합은 존재하지 않습니다.

다음 문장의 빈칸에 1~5를 하나씩 넣어서 완성

해 주세요.

[□월 □□일의 1주일 후는
□월 □일입니다]

정답: 3월 25일의 1주일 후는 4월 1일입니다.

1주일 전의 날짜가 두 자릿수이고, 1주일 후의 날짜가 한 자릿수이므로 월말에서 월초에 걸친 날짜라는 것을 알 수 있습니다. 따라서 월말을 [□월 2□일]이라고 하겠습니다. [□월 3□일]로 할 경우, 월초의 날짜가 5를 초과하므로 맞지 않습니다.

월말을 '1월'로 할 경우 이어지는 월초가 '2월'이 되어 '2'가 중복되므로 맞지 않고, 월말이 '2월'일 경우에도 '2'가 중복되므로 맞지 않습니다.

또, 월말의 날짜가 [21일]~[23일]인 경우 1주일 후에 월초가 되지 않으므로 [□월 24일] 또는 [□월 25일]이 되어야 하며, 월초의 날짜는 [□월 1일]이 됩니다.

월말을 [□월 24일]로 할 경우, 월을 나타내는 숫자는 남은 숫자 3과 5가 되므로 맞지 않습니다. 따라서 월말은 [□월 25일]이 되고, 여기에 [3월]을 대입시키면 [3월 25일]이 되며 1주일 후 [4월 1일]이 됩니다.

퀴즈
85

다음 그림과 같이 표를 따라 주사위를 굴립니다. '도착' 면에서 주사위를 위에서 봤을 때 눈의 수는 얼마일까요?

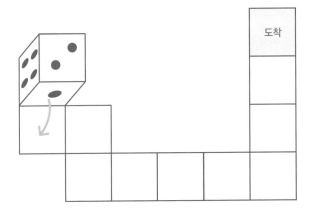

힌트!

주사위의 앞면과 뒷면의 합은 7이 됩니다. 예를 들어 앞면이 1이면 뒷면은 6입니다. 위 그림에서 주사위의 눈은 2입니다. 표를 따라 한 번 굴리면 뒷면이 1이 되고 앞면은 6이 됩니다.

정답: 3

주사위를 굴릴 때 눈이 변하는 것을 상상해야 하다니 정말이지 현기증이 날 것 같습니다.

그래서 상상하기 쉽도록 오른쪽 그림의 ★에서 보듯이 주사위를 위에서 누른 것처럼 만들어 보았습니다.

그러면 출발 지점에 있는 주사위는 윗면이 2, 보이지 않는 밑면이 5, 왼쪽이 4, 오른쪽이 3, 앞쪽이 1, 뒤쪽이 6이 됩니다. 오른쪽 그림을 이용해 도면을 따라 굴린다고 상상해 보세요.

이때 중요한 포인트는, 밑으로 굴릴 때는 주사위 좌우의 눈이 움직이지 않고, 좌우로 굴릴 때는 주사위 상하의 눈이 움직이지 않습니다.

★

①

②

③

④

⑤

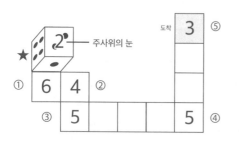

규칙 1, 2를 만족하는 1부터 7까지 2개의 수(□ 와 △)의 조합을 찾아보세요. 단, □와 △는 다른 숫자입니다.

규칙 1: □는 △로 나누어떨어진다.

규칙 2: (□ × △)는 (□ + △)로 나누어떨어진다.

정답: [□ = 6, △ = 3]

수식을 사용해 풀 수도 있지만 그보다 1~7의 숫자를 대입해 구하는 편이 쉽습니다. 문제를 잘 읽고 해당하는 숫자의 범위를 좁혀 보세요.
규칙 1에서 △보다 □의 값이 크다는 것을 알 수 있습니다. 또 규칙 2에서 △ = 1이면 곱셈보다 덧셈이 큰 수가 되기 때문에 나누어떨어지지 않죠. 이런 점을 생각하면서 □과 △의 조합을 확인해 보겠습니다.

[□·△]⇒[4·2] 규칙1 | O 규칙2 | ×
[□·△]⇒[6·2] 규칙1 | O 규칙2 | ×
[□·△]⇒[6·3] 규칙1 | O 규칙2 | O

천재로
키워 준다!

문제 해결력
퀴즈

마지막으로 '문제 해결력 퀴즈'입니다. 말하자면 종합 문제입니다.

우리 주변에서도 퀴즈 문제를 많이 접할 수 있습니다. 이 문제들을 풀려면 어떻게 생각해야 할까요? 문제마다 반드시 힌트가 있다고 할 수는 없습니다. 어떤 경우에는 직감으로 풀어야 하고, 상황을 논리적으로 정리할 수도 있죠. 또는 의외의 발상이 필요할 수도 있고, 하나씩 착실하게 생각해야 할 것도 있습니다. 독자 여러분이라면 이 문제들을 어떻게 해결하겠어요? 자, 이제 문제 해결력 퀴즈를 풀어 봅시다.

퀴즈
87

1년 중 달력의 '요일'과 '월의 날짜'가 같아지는 달은 몇 월과 몇 월일까요?(윤년이 아닐 경우)

힌트!

각 월과 일수 목록

1월(31일)	7월(31일)
2월(28일)	8월(31일)
3월(31일)	9월(30일)
4월(30일)	10월(31일)
5월(31일)	11월(30일)
6월(30일)	12월(31일)

정답: 1월과 10월

월	일수	차이
1	31	+3
2	28	+0
3	31	+3
4	30	+2
5	31	+3
6	30	+2
7	31	+3
8	31	+3
9	30	+2
10	31	+3
11	30	+2
12	31	+3

월의 일수와 요일의 차이(1주일은 7일)는 다음과 같습니다.

1월부터 10월의 전달인 9월 말까지 요일의 차이는 총 21일입니다.
(3+0+3+2+3+2+3+3+2=21)
21일은 7(1주일의 일수)의 배수이므로 1월과 10월의 요일은 같아집니다. 또 1월과 10월은 월의 일수도 같습니다.

참고로 3월과 11월(3월부터 10월 말까지 21일), 4월과 7월(4월부터 6월 말까지 7일), 9월과 12월(9월부터 11월 말까지 7일)은 요일의 차이가 7의 배수이므로 요일은 같습니다. 다만, 날짜 수는 같지 않으므로 정답이 아닙니다.

헝클어져 있는 밧줄을 다음과 같이 일직선으로 잘랐습니다. 몇 개의 밧줄이 생길까요?

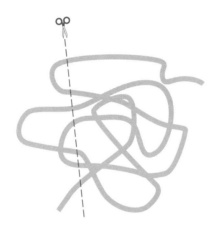

힌트!

오른쪽처럼 자르면 4개의 밧줄이 됩니다.

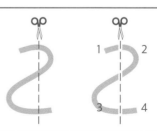

정답: 8개

엉켜 있는 밧줄이 몇 개인지 헤아리는 건 어려운 일입니다.
그래서 밧줄을 일직선으로 자를 때 몇 번 잘리는지 '횟수'에 주목하면 됩니다. 밧줄의 수는 자른 횟수에 1을 더한 것과 같아요. 자른 횟수가 1회이면 밧줄은 2개, **힌트!**와 같이 잘린 횟수가 3회이면 밧줄이 4개가 됩니다.
문제의 그림에 있는 밧줄을 살펴봅시다. 밧줄이 잘린 횟수(가위가 지나간 부분)를 헤아려 보면 7회이므로 밧줄은 8개입니다.

규칙 1~3에 따라, 다음에 나오는 4개의 숫자를 사용해 결과가 10이 되도록 계산식을 만들어 보세요. 이것을 '10 퍼즐'이라고 하는데, Q1~Q3은 정답이 하나만 있는 문제입니다. 단, 숫자의 순서는 바꿀 수 있습니다.

Q1. 1158

Q2. 9999

Q3. 3478

규칙 1: 사칙연산과 괄호를 사용해 계산식을 만든다.
규칙 2: 숫자를 붙여 사용할 수 없다(예: 1과 1 → 11은 안됨).
규칙 3: 거듭제곱, 루트 등은 사용할 수 없다.

예) 1124 → 1 + 1 + 2 × 4 = 10

정답: Q1. $8 \div \{1 - (1 \div 5)\} = 10$
      Q2. $\{(9 + (9 \times 9)\} \div 9 = 10$
      Q3. $8 \times \{3 - (7 \div 4)\} = 10$

Q1. $8 \div \{1 - (1 \div 5)\} = 8 \div (1 - \frac{1}{5})$

$= 8 \div \frac{4}{5}$

$= 8 \times \frac{5}{4}$

$= 2 \times 5$

$= 10$

Q2. $\{9 + (9 \times 9)\} \div 9 = (9 + 81) \div 9$

$= 90 \div 9$

$= 10$

Q3. $8 \times \{3 - (7 \div 4)\} = 8 \times (3 - \frac{7}{4})$

$= 8 \times (\frac{12}{4} - \frac{7}{4}) \leftarrow (3 = \frac{12}{4})$

$= 8 \times \frac{5}{4}$

$= 10$

퀴즈
90

123456은 ① 3, ② 4, ③ 8로 나눌 수 있을
까요?

계산기를 사용하면
정답을 바로 알 수 있는데…
계산을 어떻게 하지?

정답: ①, ②, ③으로 모두 나누어진다.

123456처럼 자리 수가 많으면 어떤 숫자로 나누어지는지 바로 알기 어렵습니다. 이럴 때는 다음과 같은 법칙에 따르면 쉽게 확인할 수 있습니다.

3으로 나누어지는 수: 각 자리의 수의 합이 3으로 나누어질 경우
  (예: 2022 → 2+0+2+2=6)
4로 나누어지는 수: 마지막 두 자리의 수가 '00'이거나 4로 나누어질 경우
  (예: 73400, 43524 → 24는 4로 나누어진다)
5로 나누어지는 수: 일의 자리 수가 0 또는 5
  (예: 249385, 24730)
6으로 나누어지는 수: 일의 자리 수가 짝수이면서 각 자리 수의 합이 3으로 나누어질 경우
  (예: 81642 → 8+1+6+4+2=21)
※ 7로 나누어지는 수: 여섯 자리 이상일 경우에만 법칙이 있다.
8로 나누어지는 수: 마지막 세 자리의 수가 '000'이거나 8의 배수
  (예: 941000, 941024)
9로 나누어지는 수: 각 자리의 수의 합이 9로 나누어질 경우
  (예: 439146 → 4+3+9+1+4+6=27)

퀴즈
91

아래의 사각형을 모두 사용해 ⓐ가 반드시 1개씩 포함된 같은 형태의 도형을 4개 만들어 보세요.

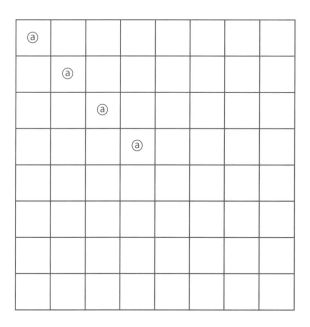

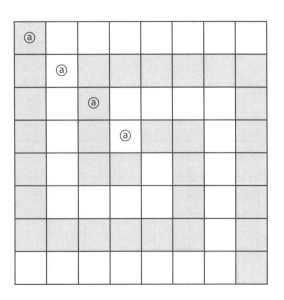

정답:

1, 3, 5의 숫자 3개를 적절하게 조합해 곱셈식으로 답이 '153'이 되게 만들어 보세요.

같은 방식으로 1, 2, 5, 5의 숫자 4개로 정답이 '1255'가 되도록 식을 만들어 보세요.

단, 곱셈식은 1회만 사용할 수 있으며, 숫자는 붙여 쓸 수 있습니다.

정답: $51 \times 3 = 153$
$251 \times 5 = 1255$

1, 3, 5의 숫자 3개만 사용해 153을 만들어야 합니다. 우선 대략적인 계산을 해 보겠습니다. 153은 [150 = 50 × 3]을 조정하면 답이 나올 것 같네요.

다음으로, 1255를 살펴볼까요? 이것도 대략적으로 계산해 보겠습니다. 1255는 [1250 = 250 × 5]를 조정하면 정답에 가까워집니다.

다른 방법으로는, 153은 주어진 숫자 중 3으로 나누어지고, 1255는 주어진 숫자 중 5로 나누어진다는 것을 이용하면 쉽게 풀 수 있습니다.

퀴즈
93

이과 거북은 "내가 발명한 거야!"라며 스스로도 놀랐습니다. 아래 그림과 같이 정사각형 도형을 직사각형으로 만들면 면적이 1만큼 줄어든다고 합니다. 문과 토끼는 "대단하네! 세기의 발견이야"라고 칭찬해 줍니다. 그런데 수학 선배는 "틀린 부분이 있는데?"라며 고개를 갸웃합니다. 과연 어디가 틀렸을까요?

정사각형의 면적
13 × 13 = 169

직사각형의 면적
8 × 21 = 168

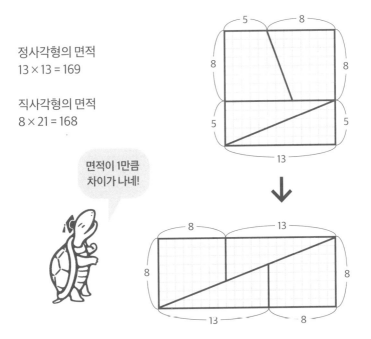

면적이 1만큼
차이가 나네!

정답: 삼각형과 사다리꼴에서 빗변의 기울기 가 다르다.

아래 직사각형 도형에서 오른쪽 두 삼각형의 빗변의 기울기가 약간 다릅니다. 확인해 봅시다.

아래 그림의 삼각형을 살펴보겠습니다.

'한 변이 13, 다른 한 변이 5인 A삼각형'과 '한 변이 8, 다른 한 변이 3인 B삼각형'의 기울기를 계산해 봅니다.

기울기는 두 점의 y좌표의 길이를 x좌표의 길이로 나눈 값이므로,

A삼각형의 기울기: 5÷13 = 0.3846···

B삼각형의 기울기: 3÷8 = 0.375

위 2개의 기울기가 차이가 납니다. 따라서 빗변이 곧은 것처럼 보이지만 사실은 살짝 구부러져 있다는 것을 알 수 있습니다.

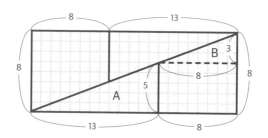

퀴즈
94

정사각형으로 늘어선 A, B, C, D의 집들을 연결하는 도로를 만듭니다. 각 집을 연결하는 최단 경로를 그려 보세요.

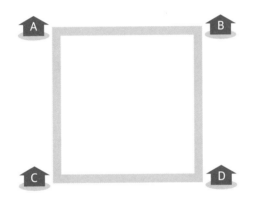

힌트!

삼각형의 경우

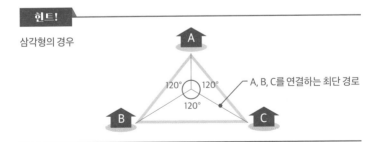

A, B, C를 연결하는 최단 경로

정답:

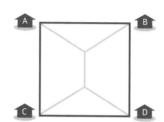

한 변의 길이가 1인 정사각형일 경우 ABCD를 연결하는 선은 오른쪽의 ①처럼 그릴 수 있습니다. 이 길이는 4가 됩니다.

②처럼 대각선으로 연결하면 대각선의 길이는 합해서 약 2.8(2√2)이 되는데, 이보다 짧게 연결하는 선이 있습니다.

최단 경로를 연결하는 선이 만드는 각도가 120°가 되도록 합니다. 그러면 선 길이의 합계가 [1 + √3 ≒ 2.73]으로 가장 짧아집니다.

이렇게 최단 거리를 구하는 문제를 '슈타이너 트리 문제(Steiner tree problem)'라고 합니다. 도로망이나 발전소로 연결되는 전선망 등 도시 개발에 이용되기도 합니다.

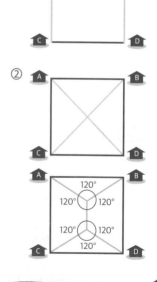

1%의 확률로 당첨되는 복권에 100회 도전합니다. 적어도 한 번은 당첨될 확률은 다음 A~D 중 어느 것일까요?

A. 90~100%

B. 80~89%

C. 70~79%

D. 60~69%

정답: D.   60~69%

1%의 확률로 당첨되는 복권에 100회 도전하면 한 번은 반드시 당첨되리라 생각합니다. 하지만 적어도 한 번 당첨될 확률은 60~69%에 불과합니다.

1회 도전해 당첨되지 못할 확률은 $\frac{99}{100}$ 입니다.
따라서 100회 도전해 당첨되지 못할 확률은 다음과 같습니다.
$$\frac{99}{100} \times \frac{99}{100} \times \cdots \times \frac{99}{100} \times \frac{99}{100} \times (\leftarrow \frac{99}{100} \text{가 100회})$$

100회 도전해 적어도 1회 당첨될 확률은 다음과 같습니다.
$$1 - (\frac{99}{100} \times \frac{99}{100} \times \cdots \times \frac{99}{100} \times \frac{99}{100}) (\leftarrow \frac{99}{100} \text{를 100회 곱하면 약 0.37})$$

계산하면 약 63%입니다.
말하자면, 1% 당첨 확률의 복권을 100회 구입하면 3명 중 1명(약 37%)은 한 번도 당첨되지 않는다는 뜻입니다.

퀴즈
96

같은 크기의 정사각형이 A~F까지 6개 있습니다. 위에서 보면 A의 정사각형에서 아래쪽으로 겹쳐져 아래 그림과 같이 B~F가 약간 보입니다. A부터 어떻게 겹쳐 있는지 위에서 순서대로 알파벳으로 대답해 보세요.

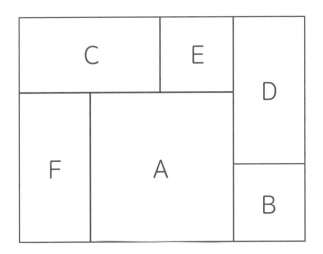

정답: (A→)F→C→E→D→B

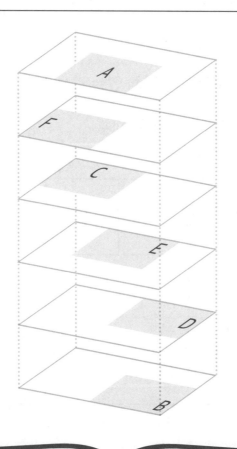

종이를 접었다가 펼치면 주름이 하나 생깁니다. 같은 방향으로 한 번 더 접었다가 펼치면 주름이 3개가 됩니다. 그러면 5회 접으면 주름이 몇 개가 될까요? 또, 10회 접으면 주름이 몇 개가 될까요?

힌트!

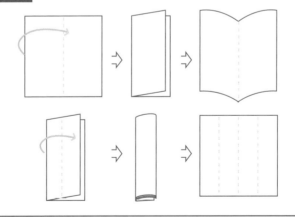

정답: 5회 접으면 주름이 31개, 10회 접으면 주름이 1,023개 생긴다.

이런 문제는 규칙을 찾아야 합니다.

1회 접으면 $\frac{1}{2}$이 되는 주름이 1개 생깁니다.

2회 접으면 $\frac{1}{4}$이 되는 주름이 3개 생깁니다.

3회 접으면 $\frac{1}{8}$이 되는 주름이 7개 생깁니다.

4번 접으면 $\frac{1}{16}$이 되는 주름이 15개 생깁니다.

5회 접으면 $\frac{1}{32}$이 되는 주름이 31개 생깁니다.

6회 접으면 $\frac{1}{64}$이 되는 주름이 63개 생깁니다.

7회 접으면 $\frac{1}{128}$이 되는 주름이 127개 생깁니다.

8회 접으면 $\frac{1}{256}$이 되는 주름이 255개 생깁니다.

9회 접으면 $\frac{1}{512}$이 되는 주름이 511개 생깁니다.

10회 접으면 $\frac{1}{1024}$이 되는 주름이 1,023개 생깁니다.

퀴즈
98

'?'는 색깔별로 구분해 칠한 다면체입니다. 규칙의 1~3에 해당하는 다면체를 모두 말해 보세요.

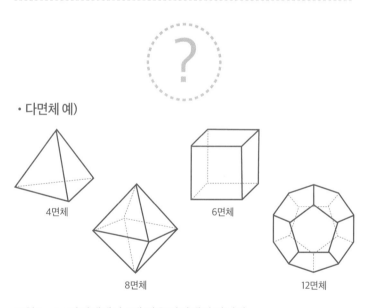

• 다면체 예)

4면체

8면체

6면체

12면체

규칙 1:   그 다면체에서 4개 면은 파란색이 아니다.
규칙 2:   그 다면체에서 4개 면은 흰색이 아니다.
규칙 3:   그 다면체에서 4개 면은 빨간색이 아니다.

정답: 4면체와 6면체

예를 들면, 규칙 1은 4개 면이 파란색이 아니므로 나머지 면이 파란색입니다. 규칙 2, 3도 이런 방식으로 생각하면 됩니다.

4면체일 경우에는 4개 면이 모두 노란색일 경우 파란색도, 흰색도, 빨간색도 아닌 다면체가 되므로 규칙 1~3을 만족합니다.

6면체일 경우에는 6개 면 중에서 2면이 파란색, 2면이 흰색, 2면이 빨간색이 될 수 있으므로 다음과 같이 규칙을 만족합니다.
규칙 1 대입: 6개 면 중 4개는 파란색이 아니므로 나머지 2면이 파란색
규칙 2 대입: 6개 면 중 4개는 흰색이 아니므로 나머지 2면이 흰색
규칙 3 대입: 6개 면 중 4개는 빨간색이 아니므로 나머지 2면이 빨간색

8면체에서는 규칙에 맞추면 다음과 같이 나머지 4면이 각각 파란색, 흰색, 빨간색이 될 수 있으므로 정답이 아닙니다.
규칙 1 대입 : 8개 면 중 4개는 파란색이 아니지만 나머지 4면은 파란색
규칙 2 대입 : 8개 면 중 4개는 흰색이 아니지만 나머지 4면은 흰색
규칙 3 대입 : 8개 면 중 4개는 빨간색이 아니지만 나머지 4면은 빨간색

8면체 외에도 이 문제의 규칙을 충족하는 다면체는 없습니다.

규칙에 따라서 4개의 숫자 7777을 사용한 식
을 만들어 계산한 결과가 10이 되게 해 보세요.

규칙 1: 사칙연산과 괄호를 사용해
계산식을 만든다.

규칙 2: 숫자끼리 붙여 사용해도
된다. (예: 7과 7 → 77)

규칙 3: 거듭제곱, 루트 등은
사용하지 못한다.

정답: $(77 - 7) \div 7 = 10$

퀴즈
100

어둠 속에서 출렁다리를 건넙니다. 손전등이 있어야 다리를 건널 수 있는데 손전등은 하나밖에 없습니다. 동시에 건널 수 있는 인원은 2명까지입니다. 문과 토끼, 옆집 토끼, 수학 선배, 이과 거북 4명이 다리를 건너는데 각각 1분, 2분, 8분, 10분 걸린다고 할 때 모두 건너는 데 걸리는 시간은 최단 몇 분일까요?

힌트!

22분보다 빨리 건널 수 있어요.

정답: 17분

1. 문과 토끼와 옆집 토끼가 다리를 건너고(2분), 문과 토끼가 돌아오면 (1분) 총 3분이 걸립니다.
2. 수학 선배와 이과 거북이 다리를 건너고(10분), 남아 있던 옆집 토끼가 되돌아가면(2분) 총 12분이 걸립니다.
3. 문과 토끼와 옆집 토끼가 다리를 건너면 2분이 걸리므로, 모두 합하면 17분이 됩니다.

수학 퀴즈 100문제로 익힌 세 가지

수학 퀴즈를 풀어 보니 어떠셨나요?

100문제를 '잠시 생각해 보고 금방 이해하기'란 쉽지 않았을 겁니다. 수고하셨습니다.

힘들었겠지만 열심히 문제를 푼 사람이라면 분명 수학적 사고방식에 익숙해졌을 것입니다. 100문제를 풀고 어떤 능력을 익히게 되었는지는 평소 생활에서 나타나는 세 가지 변화로 알 수 있습니다. 구체적인 예를 들 테니 자신에게 해당되는지 확인해 보길 바랍니다.

첫째, 어떤 일이든 '그건 힘들어!'라며 바로 포기하지 않고 '생각해 보면 해결할 수 있는 실마리가 있을지도 몰라', '한 번쯤 고민해 봐야겠어'라고 생각하게 됩니다.

수학 퀴즈 문제는 선뜻 대답하기 어려운 점이 있어요. 풀지 못한 문제는 해설을 몇 번이고 집중하며 읽어야 하므로 힘들기도 했을 겁니다.

평소에 어떤 일을 쉽게 포기할 수도 있지만, 시간을 들여 생각하고 이해하면 새로운 사고력에 도달할 수도 있습니다. 예를 들면, 세계 일주 여행을 하고 싶은 꿈이 있다고 합시다. 어학 실력이나 돈과 시간이 없어 '아무래도 힘들겠어!'라고 하는 경우와, '어떻게 하면 갈 수 있을까?'라며 가능성을 생각하는 경우, 두 가지 사고방식에는 분명 큰 차이가 있을 것입니다.

둘째, 문제에 직면했을 때 일단 멈추게 됩니다.

주변에는 부정확한 정보들이 넘쳐나는데, 이런 정보들을 그대로 받아들이면 잘못된 판단을 하기 쉽죠. 하지만 수학 퀴즈를 푸는 과정에서 '이게 맞을까?', '다시 읽어보자'라는 식으로 논리적 허점이나 중요한 포인트를 파악하는 능력을 익히게 되었을 것입니다.

예를 들어, "매출 1위인 건강 보조 식품은 지금만 6만 원"이라는 말을 듣는다면 사겠습니까? 매출 1위는 무엇과 비교한 순위일까요? 두 가지 건강 보조식품과 비교해 1위라면 별거 아닐 겁니다. 또 반년 동안 6만 원이었는데도 '지금만'이라고 말할 수도 있습니다. 따라서 전혀 서둘러 구입할 필요가 없는 거죠. 일단 행동을 멈추고 정보를 확인하면 잘못된 선택을 피할 수 있습니다.

셋째, 문제의 구조를 파악해 단순하게 생각합니다.

이 책의 첫 부분 「시작하며」에서도 말했듯이, 세상에는 해결해야 할 문제로 가득 차 있고, 그런 문제들을 판단하느라 고생하는 경우가 많습니다. 그럴 때 '무엇이 문제인가'를 파악하면 단순하게 생각할 수 있습니다.

구체적으로 제 경험을 소개하겠습니다.

저는 대학에서 수학을 배울 때부터 '수학 선배'라는 이름으로 활동했습니다. 졸업 후에는 IT기업에서 근무하면서 이미 '수학'을 테마로

독립하겠다는 계획을 세웠습니다. 독립할 무렵에는 불안할 만한 점이 엄청나게 많았지만 저는 그다지 불안해하지 않았습니다. 왜냐하면 '무엇이 리스크가 될 것인가'를 분명히 파악하고 있었기 때문입니다. 쉽게 말해 이런 생각을 했죠.

'내가 하고 싶은 일과는 별개로 시급 5만 원을 벌 수 있는 기술을 겸비한다면 비록 원하는 일을 해서 큰돈을 벌지는 못하겠지만 보통 사람의 삶을 살 수 있다.'

'많은 사람을 만나면서 사회와 접점이 생기면 나를 계속 성장시킬 수 있고 일할 수 있는 폭이 넓어진다.'

이 두 가지에 집중하면 독립한 뒤에도 나름대로 살아갈 수 있다고 생각했습니다. 또 두 가지 능력을 향상시키면 더 풍요로운 생활을 할 수 있고 더 많은 일에 도전할 수 있다는 것도 알게 되었죠.

내 나름대로 '독립하려면 어떻게 해야 할까'라는 문제를 두 가지로 파악하고 있었습니다. 그래서 단순하게 생각할 수 있었던 것입니다. 현재는 수학 교실을 비롯한 '수학 콘텐츠를 만드는' 수학채널(math channel)을 설립해 많은 사람이 수학을 좀 더 가깝게 느끼고, 좀 더 재미있는 것으로 생각할 수 있게 도와주는 활동을 하고 있습니다.

수학 퀴즈도 마찬가지예요. '문제는 어떤 답을 요구하고 있는가', '무엇이 답으로 연결되는가'를 판단할 필요가 있습니다. 이 책에서는 100문제를 풀면서 바로 그것을 훈련했습니다. 문제를 풀다 보면 점점 더 단순하게 생각할 수 있게 됩니다.

퀴즈를 통해 수학적 사고를 익히는 사람도 있는 반면, 제대로 실감하지 못하는 사람도 있을 것입니다. 그래서 수학 퀴즈가 끝난 다음 어떻게 해야 할지 그 방법을 소개하겠습니다.

먼저 100문제 가운데 특별히 인상에 남았던 문제는 무엇인가요? 문제를 보고 바로 알겠다고 생각한 문제가 있었나요? '당했네!'라며 억울하게 생각했던 문제는 없었나요? 다시 생각한 다음 독자 여러분에게 인상 깊었던 문제로 다음 두 가지를 시도해 보기 바랍니다.

① 누군가에게 출제해 본다.

② 그 문제를 변형시킨 문제를 만들어 출제해 본다.

독자 여러분이 인상 깊었거나 감동한 문제가 무엇이었는지 생각하고 그 문제를 출제한다면 느낌이 그대로 전달되어 '그들에게도 수학은 재미있다고 생각하는 계기'가 될 것입니다.

정말 멋진 일 아닌가요?

저는 수학채널 대표이자 수학 선배로 활동하면서 후배들이 "그렇구나!", "당했다!"라면서 눈빛을 반짝거리는 모습을 보았습니다. 이런 모습이 결국 수학에 빠지는 계기가 됩니다. 수학은 그들의 삶에 플러스가 될 것입니다. 여러분도 그렇게 될 것입니다.

물론 꼭 이 책이 아니어도 수학의 매력을 보여주는 책들은 많습니다. '수학을 더 알고 싶다!'고 생각하는 독자는 꼭 수학의 세계로 들어가길 바랍니다.

『문과도 이과도 빠져드는 수학 퀴즈 100』은 어떠셨나요? 또 다른 책으로 만나 뵙겠습니다.

수학채널 대표, 수학 선배

요코야마 아스키

수학이 재밌다고 느껴지는 계기가 되길

문과도 이과도 빠져드는 퀴즈가 과연 어떤 내용일지 많이 궁금했다. 퀴즈를 풀기 전에 작가의 말을 잠시 생각한 뒤 문제를 풀어보는 것도 좋을 듯하다.

"정답은 문제에 있다. 다시 읽으면 해결 방법이 떠오를 수 있다."

"지식이 아니라 생각으로 문제를 푼다고 생각하라."

"정답만 목표가 아니라 해설을 보고 이해하는 것도 중요하다."

오랜만에 수학 문제를 마주하니 반가웠다. 어린 시절 우연한 계기로 주산을 배우기 시작하면서 수학에 흥미를 느끼게 되었고, 대학에서 수학을 전공할 생각도 했었다. 특히 암기 과목을 싫어한 나는 일단 이해만 하면 암기처럼 반복하지 않아도 된다는 점에서 수학을 좋아했다.

'수포자(수학 포기자)'라는 말까지 생길 만큼 다른 교과목에 비해 수학을 힘들어하는 사람들이 많은 것 같다. 개인적으로 수학은 특별히 머리가 좋지 않은 평범한 사람도 흥미를 느낄 만한 계기가 있고 기본적인 개념을 쌓아 간다면 충분히 좋은 점수를 받을 수 있는 과목이라고 생각한다. 이 책에 나오는 퀴즈를 풀면서 수학적 사고와 다양한 문제 해결력을 키우는 것도 도움이 될 수 있을 것 같다.

수학은 하인리히 법칙에 비유되기도 한다. 큰 사고는 어느 날 갑자기 일어나는 것이 아니라 전조 증상으로 사소한 사고들이 반복된 후에 발생한다는 법칙이다. 수학은 계통 학문이므로 초등학교 때부터 기본 개념을 계속 놓치면 학년이 올라갈수록 힘들어지는 과목이 된다. 하지만 반대로 개념들을 충실히 쌓아 간다면 그 어느 과목보다 재미있는 과목이 될 수 있다.

100문제의 퀴즈를 하나씩 풀어 가다 보면, 너무 단순한 문제가 아닐까 싶은 것도 있지만 정답의 해설을 읽으면 이렇게 생각할 수도 있구나 싶은 문제도 있다. 한편 이게 수학 문제가 맞나 싶은 것도 있는데, 이는 문제 해결력이나 아이디어력 등 유연한 사고를 키우기 위한 퀴즈라고 할 수 있다. 예를 들면 덧셈 기호(+)를 한자어 십(十)으로, 뺄셈 기호(-)를 한자 일(一)로 생각할 수도 있다는 것이다. 100문제의 퀴즈가 단지 수학에 한정된 것이 아니라, 좀 더 말랑말랑한 사고력을 요한다는 사실을 알게 해 준다.

퀴즈 100문제를 이해했다고 수학 실력이 단번에 향상되기를 바라는 건 어렵겠지만, 최소한 수학이 재미있다고 느낄 수 있는 계기가 되지 않았을까. 저자도 이것을 기대하고 퀴즈를 만들었을 것이라 생각한다.

옮긴이 박유미